你决定

你的成功

万虹 主编

吉林出版集团有限责任公司

图书在版编目（CIP）数据

你的成功你决定／万虹主编 . —长春：吉林出版集团有限责任公司，2011.9

（心之语系列）

ISBN 978-7-5463-5786-7

Ⅰ.①你… Ⅱ.①万… Ⅲ.①成功心理–少年读物 Ⅳ.①B848.4-49

中国版本图书馆 CIP 数据核字（2011）第 128970 号

你的成功你决定

作　　者	万　虹　主编
责任编辑	孟迎红
责任校对	赵　霞
开　　本	710mm×1000mm　1/16
字　　数	250 千字
印　　张	15
印　　数	1－5000 册
版　　次	2011 年 9 月第 1 版
印　　次	2018 年 2 月第 1 版第 2 次印刷
出　　版	吉林出版集团股份有限公司
发　　行	吉林音像出版社有限责任公司
	吉林北方卡通漫画有限责任公司
地　　址	长春市泰来街 1825 号
	邮　编：130062
电　　话	总编办：0431-86012906
	发行科：0431-86012770
印　　刷	北京龙跃印务有限公司

ISBN 978-7-5463-5786-7　　　　定价：39.80 元

代　序

"钻石"就在你身上

　　钻石就在你身上，只是要你更好的去开发。

　　100多年前，美国费城的6个高中生向他们仰慕已久的一位博学多才的牧师请求："先生，您肯教我们读书吗？我们想上大学，可是我们没钱。我们中学快毕业了，有一定的学识，你肯教教我们吗？"

　　这位牧师名叫R·康威尔，他答应教这6个贫家子弟。同时他又暗自思忖："一定还会有许多年轻人没钱上大学，他们想学习但付不起学费。我应该为这样的年轻人办一所大学。"

　　于是，他开始为筹建大学募捐。当时建一所大学大概要花150万美元。

　　康威尔四处奔走，在各地演讲了5年，恳求为有志于学的年轻人捐钱。出乎他意料的是，5年辛苦筹募到的钱不足1000美元。康威尔深感悲伤，情绪低落。

　　当他走向教堂准备做礼拜的演说词时，低头沉思的他发现教堂周围的草枯黄得东倒西歪。他便问园丁："为什么这里的草长得不如别的教堂周围的草呢？"

　　园丁抬起头来望着牧师回答说："噢，我猜想你眼中觉得这地方的草长得不好，主要是因为你把这些草和别的草相比较的缘故。看来，我们是常常看到别人美丽的草地，希望别人的草地就是我们自己的，却很少去整治自家的草地。"

园丁的一席话使康威尔恍然大悟。他跑进教堂开始撰写演讲稿。他在演讲稿中指出：我们大家往往是让时间在等待中白白流逝，却没有努力工作使事情朝着我们希望的方向发展。

他在演讲中讲了一个农夫的故事：有个农夫拥有一块土地，生活过得很不错。但是，当他听说要是找到埋有钻石的地方，他只要有一块钻石就可以富得难以想象。

于是，农夫把自己的地卖了，离家出走，四处寻找可以发现钻石的地方。农夫走向遥远的异国他乡，然而却从未能发现钻石，最后，他囊空如洗。有一天晚上在海滩自杀死亡。

真是无巧不成书。那个买下这个农夫的土地的人，在散步中无意发现了一块异样的石头，拾起一看，它晶光闪闪，反射出光芒。仔细察看，发现这是一块钻石。

这样，就在农夫卖掉的这块土地上，新主人发现了从未被人发现的最大的钻石宝藏。

这个故事是发人深省的，康威尔写道：财富不是仅凭奔走四方去发现的，它属于自己去挖掘的人，属于依靠自己的土地的人，属于相信自己能力的人。康威尔作了7年这个"钻石宝藏"的演讲。7年后，他赚得800万美元，这笔钱大大超出了他想建一所学校的需要。

今天，这所学校竖立在宾夕法尼亚州的费城，这便是著名学府坦普尔大学——它的建成只是因为一个人从朴素的故事里得到的启迪。

这个故事告诉我们，生活的最大秘密——在你身上拥有钻石宝藏。你身上的钻石足以使你的理想变成现实。你必须做到的只是更好地开发你的"钻石"，为实现自己的理想付出辛劳。

目 录

其实，我们身边的每个人都很重要，不要让我们变得麻木，不要吝惜我们的语言，让我们真诚地对他说："你真的很重要。

感恩是一项重要的处世哲学，是生活的大智慧。人生在世，不可能事事顺通。对于各种失败和不幸，我们要豁达大度，勇敢地面对，并想办法解决。面对困难，我们是懊恼抱怨，沮丧气馁，陷入绝望，还是对生活满怀感恩之心，跌倒后再爬起来呢？

命运是否能够战胜我们的精神呢？回答是：不能！当塔金顿完全失明之后，他说："我发现自己能够接受这一事实，就像别人能够承受其他事情一样。哪怕我五种感官都已丧失功能，我知道我还可以生活在自己的思想里。因为只有我们的思想才能够看清生活，也只有在思想里才能生活，不论我们是否清楚这一点。"

人生的旅途是在别人的扶持下走完的。当一个人对生活中的某一问题无力解决时，我们如果能够伸出热情的双手，无疑会给对方以极大的力量和信心。

很多人都对自己的生活不满。事实上，我们每个人已经拥有得足够多了。如果你早上醒来发现自己还能自由呼吸，你就比在今天离开人世的人更有福气；如果你从来没有经历过战争的危险，忍饥挨饿的痛苦，你就已经好过世界上5亿人了：如果你有屋栖身，身上有足够的衣服，家里有足够的食物，你就已经比世界上70%的人更富足了。

"我早上要去爷爷家陪他，正好路过那个地方，看到你躺在地上，我就想起了爷爷说他年轻的时候被一个和我一样大的男孩救起来的事。我想我也一定能够做到，于是我就使出全身的力气拉你。幸好你还不算重，我成功了，回去后一定告诉爷爷。他告诉我要尽力帮助每一位需要帮助的陌生人，我今天做到了。"

第一辑　我是重要的

其实，我们身边的每个人都很重要，不要让我们变得麻木，不要吝惜我们的语言，让我们真诚地对他说："你真的很重要。

男孩的使命

她激动得说不出话来，一把搂住儿子，露出了欣慰的笑容。

1945 年，12 岁的鲁本·厄尔在一家商店橱窗里看到了一件令他怦然心动的东西，但是——5 美元——鲁本的口袋里可没这么多钱。他们家一周的食物也不到 5 美元。

鲁本又无法张口向父亲要钱。他的父亲马克·厄尔仅靠在加拿大纽芬兰的罗伯茨湾捕鱼的那点儿微薄收入来维持家人的生计。他的母亲多拉，为了保证五个孩子的温饱，勤俭节约，恨不得将一个钱掰成两半花。

尽管如此，鲁本还是推开商店那扇破旧不堪的门，走了进去。他笔直地站在那儿，身着面粉袋改做的衬衫和洗得褪了色的裤子，却丝毫没有困窘之意。他告诉了店主他想要的东西，又补充说道："但是我现在还没钱买它，您帮我预留一段时间好吗？"

"我会尽力的，"店主笑道，"这儿的人一般都没有太多钱来买这种东西，一时半会儿还卖不出去。"

鲁本礼节性地摸了一下他的旧帽檐儿，然后径自走出店门。阳光下的罗伯茨湾海水在清新的微风吹拂下，泛着阵阵涟漪。鲁本大步流星地走着，他下定决心：一定要自己凑齐那 5 美元，不让任何人知道。

远处铁锤的重击声传到了鲁本的耳畔，他有了主意。

他循声跑到了一处建筑工地。罗伯茨湾的人喜欢用从本地一家工厂买来的钉子自己建造房屋，这些钉子都用麻袋来装。有时人们实在太忙就会把麻袋随手丢弃，而鲁本知道，他可以 5 分钱一条的价格把麻袋再卖回工厂。

那天，他去了凌乱的木材厂，把找来的两条麻袋卖给了那里给钉子装袋

的人。

男孩手里紧紧攥着卖麻袋得来的两个 5 分硬币，一路小跑奔回了家。那可是两公里的路程啊！

他家附近有座旧谷仓，是用来圈养山羊和鸡的。鲁本在那里找到一个锈迹斑斑的苏打铁罐，把两枚硬币扔了进去。然后，他爬上谷仓的阁楼，把铁罐藏在一堆散发着甜香味的干草下。

鲁本回到家时已是晚饭时分。此时父亲正坐在大餐桌旁摆弄着渔网，母亲在灶台边忙着准备晚饭。鲁本在桌旁坐了下来。

他望着母亲，笑了。夕阳的余晖透过窗子照进来，把母亲棕褐色的披肩发染成了金黄色。苗条、美丽的母亲是这个家的中心，她像胶水一样，把这个家紧紧地粘结在一起。

母亲有永远也干不完的家务活。她要用老式的"胜家"缝纫机为一家人缝缝补补，要做饭，烤面包，打理菜园，挤羊奶，还要用搓衣板洗衣服。可母亲是快乐的，在她看来，全家人的安康才是最重要的。

每天放学后做完家务，鲁本就在镇上搜寻装钉子的麻袋。只有两间教室的学校放暑假的那天，鲁本比任何人都高兴。现在他有更多时间去完成他的使命了。

整个夏季，鲁本除了做家务——给菜园锄草、浇水以及砍柴、打水外，一直进行着他的秘密活动。

转眼，菜园收获的季节到了，蔬菜被腌制装罐后储藏起来，此时，学校也开学了。不久，秋叶飘落，阵阵寒风从海湾吹来。鲁本在街头闲逛，努力寻找着他的宝贝麻袋。

他常常会饿着肚子，又冷又累，但是一想到商店橱窗里的那样东西，他又劲头十足。妈妈偶尔会问："鲁本，你去哪儿啦？我们都等你吃饭呢！"

"我出去玩啦，妈妈。对不起。"

每到这时，多拉总会看着他，无可奈何地摇摇头，心想：终究是男孩啊。

春天到了，万物复苏，鲁本的精神也随之振奋。时候到了！他跑进谷仓里，爬上草垛取出铁罐，把硬币倒出，数起来。

他数了一遍又一遍，还差 20 美分。镇上哪儿还会有废弃的麻袋呢？他必须在天黑之前再找四条卖掉。

鲁本向沃特街跑去。

当鲁本赶到工厂时，太阳快落山了。收购麻袋的人正要锁门。

"先生！请先别锁门。"

那人转过身打量了一下鲁本，他脏兮兮的，满头大汗。

"明天再来吧，孩子。"

"求求您了，先生，我必须现在就把这几条麻袋卖掉——求您啦。"那人听出鲁本的声音在颤抖，他快哭了。

"你为何这么急着要这点钱呢？"

"这是个秘密。"

那人接过麻袋，从衣袋里掏出四枚硬币放到鲁本手中。鲁本轻声说了句"谢谢"，就转身跑回家去。

然后，他取出铁罐紧紧地抱着它，直奔那家商店。

"我有钱啦！"他郑重地对店主说。

店主向橱窗走去，拿出了鲁本想要的那样"宝贝"。

他掸去上面的灰尘，小心地用牛皮纸把它包好，放到鲁本手中。

鲁本跑回家，冲进房门。妈妈正在厨房擦灶台。"看呀，妈妈！看这个！"鲁本边跑边叫着冲到妈妈跟前。他把一个小盒子放到妈妈那双因劳动而变得粗糙的手上。

妈妈生怕把包装纸弄坏了，小心翼翼地将它拆开。突然，一个蓝色天鹅绒首饰盒展现在她面前。她打开盒盖，瞬间，泪水模糊了她的双眼。

一枚小巧的心形胸针上刻着两个金字：母亲。

那刚好是 1946 年的母亲节。

多拉从没收到过这样的礼物：除了结婚戒指外，她没有别的饰物。她激动得说不出话来，一把搂住儿子，露出了欣慰的笑容。

（佚名）

生命的养料

　　爱是生命中最好的养料，哪怕只是一勺清水，也能使生命之树苗壮成长。

　　一个小男孩几乎认为自己是世界上最不幸的孩子，因为患脊髓灰质炎而留下了瘸腿和参差不齐且突出的牙齿。他很少与同学们游戏或玩耍，老师叫他回答问题时，他也总是低着头一言不发。

　　在一个平常的春天，小男孩的父亲从邻居家讨了一些树苗，他想把它们栽在房前。他叫他的孩子们每人栽一棵。父亲对孩子们说，谁栽的树苗长得最好，就给谁买一件最喜欢的礼物。小男孩也想得到父亲的礼物。但看到兄妹们蹦蹦跳跳提水浇树的身影，不知怎么地，萌生出一种阴冷的想法：希望自己栽的那棵树早点死去。因此浇过一两次水后，再也没去搭理它。

　　几天后，小男孩再去看他种的那棵树时，惊奇地发现它不仅没有枯萎，而且还长出了几片新叶子，与兄妹们种的树相比，显得更嫩绿、更有生气。父亲兑现了他的诺言，为小男孩买了一件他最喜欢的礼物，并对他说，从他栽的树来看，他长大后一定能成为一名出色的植物学家。

　　从那以后，小男孩慢慢变得乐观向上起来。

　　一天晚上，小男孩躺在床上睡不着，看着窗外那明亮皎洁的月光，忽然想起生物老师曾说过的话：植物一般都在晚上生长，何不去看看自己种的那颗小树。当他轻手轻脚来到院子里时，却看见父亲用勺子在向自己栽种的那棵树下泼洒着什么。顿时，一切他都明白了，原来父亲一直在偷偷地为自己栽种的那颗小树施肥！他返回房间，任凭泪水肆意地奔流……

　　几十年过去了，那瘸腿的小男孩虽然没有成为一名植物学家，但他却成为了美国总统，他的名字叫富兰克林·罗斯福。

　　爱是生命中最好的养料，哪怕只是一勺清水，也能使生命之树苗壮成长。

也许那树是那样的平凡、不起眼；也许那树是如此的瘦小，甚至还有些枯萎，但只要有这养料的浇灌，它就能长得枝繁叶茂，甚至长成参天大树。

（佚名）

别钻牛角尖

成功并非那么困难，只要你能够找到那个最适合你的"交通工具"。

他是一个十分腼腆内向的孩子，小朋友们都不喜欢和他在一起，认为他是天底下最愚笨的孩子。

在学校里，老师从来不叫他回答问题，因为他总是羞涩地说不知道。每次考试，他的成绩都是倒数。他也曾默默努力过，可是收效甚微。就连他自己都认为，自己是个笨蛋，是个白痴。每天醒来后，他都感到恐惧。他害怕上学，害怕被嘲笑。周末，他独自一人坐在门前，看着草地上喜笑颜开的孩子们，觉得十分孤独，更感到自己的未来一片渺茫。很快，就连学校也在考虑劝他退学了。

男孩的父亲一直很为儿子担心。他知道，儿子并不是一个愚笨的人。于是，他决定带儿子一起出趟远门，目的地是波士顿。

父子两人决定坐车前往。一路上，男孩心里十分欢欣雀跃，那是他第一次出远门。他在父亲面前变得活跃，甚至有许多讲不完的话。望着这样的儿子，父亲心里十分欣慰。

途中，汽车经过一个小站。父亲告诉儿子，自己要下车去买东西。结果，父亲一去不复返，汽车就在他的喊叫声中出发了。

男孩一个人坐在车里十分害怕，没有了汽车，父亲怎么能到波士顿？如果父亲不能赶到，自己一个人怎么办？男孩越想越怕，不知道过了多久，目的地到了。

就在男孩惊慌失措时，突然发现父亲就在车窗外站着，正微笑地望着他。他快速地飞奔下车，一下子扑进了父亲的怀抱，诉说一路的忐忑不安。

"爸爸，没有了汽车，您怎么还能到达波士顿？"男孩有些惊讶地问父亲。

"傻孩子，我是骑马来的。有谁说过，必须只有坐汽车才能到波士顿吗？只要我能到达目的地，用任何方式都可以。"父亲抚摸着儿子的头发，温柔地说道。

"这就像是你的人生，你在学业上不成功，并不代表你在其他方面不能成功。所以，别钻牛角尖，换一种方式，爸爸相信你一定是最棒的！"父亲拍了拍儿子的肩膀，坚定地说道。

此时，男孩猛然醒悟。

其实，这次旅行是父亲早就安排好的。父亲途中下车的那个小站离波士顿很近，骑马甚至要比坐汽车还快。父亲之所以这样安排，就是希望儿子能够转变思想，找到属于自己的成功之路。

男孩不负父亲的厚望，果真走上了一条非同寻常的人生之路。他迷恋上了魔术，便跟随着魔术师一起学习魔术。他在魔术方面的天分让很多人惊叹，就连那些教授他技艺的魔术师们都觉得匪夷所思。

后来，他终于成为了大名鼎鼎的魔术师。他的名字就是大卫·科波菲尔，一个匪夷所思的成功人士。

（佚名）

提灯女郎

　　助人为乐，尽自己做能去帮助那些需要帮助的人，只有高尚品格才能获得别人的尊敬。

19世纪中叶，奉行侵略扩张国策的沙皇俄国，向黑海附近和东欧不断进犯。俄国的扩张行为威胁到了欧洲几个大国的利益，为了抗击俄国的侵犯，

它们联合在一起，由此爆发了历史上有名的克里米亚战争。就在人民在战争的苦难中挣扎时，医疗护理这个高尚的职业诞生了。一位名叫南丁格尔的英国妇女便是这项工作的创始人。

出生在一个富裕家庭的南丁格尔从小就受到善良的父母的熏陶，立志毕生都要为穷人、病人服务。她的父母都不能相信长大后的南丁格尔要学辛苦而又低贱的护理专业。有钱人家的孩子常常去医院都会被认为是很不光彩的，更不要说当护士了。想要做善事的有钱人家，只要捐一些钱给福利机构就行了，根本无法想象自己去当护士。南丁格尔的要求遭到了父母的坚决反对，但这并不能使她放弃。她刻苦钻研医学书籍，请教那些有医学知识的人。最后她的坚决使父母妥协了，把她送到了德国的一所教会办的学校去学习护理。在学校勤奋学习的南丁格尔很快就掌握了许多护理知识。毕业之后，她在一所医院里担任了护士长。

克里米亚战争于1853年爆发之时，已经33岁的南丁格尔每天都在报纸上关注前方的消息。那些关于战地缺乏医疗护理、伤病员大量死亡的报道使南丁格尔感到非常痛苦和焦虑。有一个大胆的决定渐渐地在她心中形成了。

一天，南丁格尔对医院的院长说："我想带着几个人去前线对伤员进行护理。"这个想法使院长大吃一惊。在当时女人是不允许上战场的，更不要说到条件恶劣的野战医院去工作了，对此院长绝不同意！可南丁格尔很坚决，她说："我已经下定了决心，请您答应我吧！没有比这个更好的办法了，许多士兵的生命都将因此被挽救回来。"但是保守的院长眉头紧皱，说什么也不同意。

沮丧的南丁格尔无可奈何地回到了家里，她始终闷闷不乐。知道了她的想法之后，她的父母很为她担心。费尽周折之后，他们终于找到陆军大臣，经过父母的恳求，南丁格尔终于能够到前线去了。过了几天，由修女组成的38人的医疗护理队在南丁格尔的带领下奔赴前线。

惨不忍睹的战争景象让她们无比震惊，同时她们工作的热情也被激发了出来。伤兵在野战医院里随处可见，有断了手脚的、患了痢疾的等等等等。老鼠和臭虫在病人身边乱窜，污腥的血迹布满发黑的床单。在臭烘烘的屋子里，每个人的脸上都充满了绝望。刚刚来到这里，南丁格尔一行人就立刻开始打扫卫生，清理污物。一开始，医院的医生们对这一群白衣女子很不习惯，总是对她们处处刁难。但是南丁格尔和她的队员对此毫不在意，她们全心全意地投入到工作之中。虽然随时有被传染上疾病的危险，可她们却日以继夜地工作着，每天都长达 20 个小时地工作着，承担着几倍于平时的工作量。拆洗床单和病人的衣服，置买日常用品，煮营养食物等等工作，她们都毫不犹豫地承担了起来。在她们的努力下，整个野战医院很快就变得焕然一新。南丁格尔和她的队员们被深受感动的伤员们称之为"白衣天使"。通过她们有效的工作，伤员们的死亡率由原来的 42% 迅速下降到 2%。这使国内那些自以为是的绅士们在读完南方来的报道之后，再也不对南丁格尔她们的行为指指点点、不以为然了，而是对她们产生了一种敬佩之情。

南丁格尔在伤员身上投入了自己的全部精力，她发现有些伤员没有什么精神寄托，认为这种病是任何药物都不能治愈的。经过几天的思考，她开始动员大家在医院附近开办一些娱乐场所，比如咖啡室、阅览室、游艺场等等，使伤员们可以在这里感受到家的舒适。南丁格尔成了伤员们最知心的人。

一天深夜，像往常一样南丁格尔提着马灯对病房进行巡视，突然听到一个没睡着的小战士轻轻地喊着她的名字："南丁格尔小姐，南丁格尔小姐！"

南丁格尔走过去，柔声地问他："有什么需要我帮忙的？"

满面通红的小战士忸怩地说："您能帮我拿一下我的便盆吗？我不小心把它碰掉了。"原来这是一个全身缠满了石膏丝毫动弹不得的重伤员。

南丁格尔笑着把掉在床底下的便盆捡了起来，仔细地把它擦拭干净，并用手把它焐热，最后才往那个士兵的被子里塞了进去。那个士兵被南丁格尔的行为感动得热泪盈眶。

在自己的家信中，这所野战医院的伤员写道：

"'提灯女郎'是我们真正的天使，只要她碰一下，我们的伤口立刻就不疼了。"

"南丁格尔小姐的看护，让我体会到了什么是幸福。"

南丁格尔成为了当时英国的一个传奇式的人物。

可是不久，南丁格尔就因为过度疲劳而病倒了，她病得很重，生命垂危。伤员们听到这个消息后，都伤心地哭了起来，祈求上帝不要带走南丁格尔，哪怕用他们自己的生命去交换。最后，南丁格尔幸运地脱离了生命危险，但是身体刚刚好转的她，就又开始了辛勤的工作。

南丁格尔在克里米亚战争结束后返回了自己的故乡。人们把她当成民族英

雄。她在 1860 年用大家捐助的南丁格尔基金创办了世界上最早，也是第一所正式的护士学校——南丁格尔护士学校。后来，全世界都开始普及由她开创的战地护理事业和护理学校。南丁格尔为她的护理事业奉献了全部，一直未婚。

英国国王在她 80 岁高龄的时候，为了表彰她对英国所做出的贡献，为她颁发了勋章。在英国历史上，第一位授勋的女子便是南丁格尔。后来，人们把 5 月 12 日，也就是南丁格尔的生日定为"国际护士节"，以表示对她和她业绩的纪念。

（佚名）

爱邻如己

你若想助人，并不一定要在助人的艺术方面猛下工夫，重要的是你有没有一颗助人的心。

20 世纪初，有一个家庭从日本移民到美国，住在圣弗朗西斯科附近，靠种玫瑰为生。他们将玫瑰送到圣弗朗西斯科去卖，一周三次。

另外一个家庭是从瑞士入籍美国的，也卖玫瑰。两家人都还卖得不错，因为在圣弗朗西斯科他们的玫瑰以花期长而著称。

两家人差不多做了 40 年的邻居。儿子们接管了农场。然而，1941 年 12 月 7 日，日本偷袭了珍珠港。尽管家里其他人都是美国籍了，日本家庭的这位父亲却一直没有入籍。于是他们打算离开这个国家。邻居表示如果需要的话，他会照看朋友的苗圃。每个家庭在教堂里都学过：爱你的邻居，就像爱自己一样。他对日本朋友说："你也会为我这么做的。"

很快，日本朋友去了加拿大一个贫瘠的地方。1 年过去了，然后是 2 年，3 年……当日本邻居在加拿大时，他们的朋友在温室工作。孩子们上学前去干活，星期六去干活，父亲的工作时间常常延长到一天 16—17 个小时。有一天，欧洲战场的战争结束了，日本家庭收拾好行李，登上火车，他们要回家了。

他们会发现什么呢？他们的邻居到车站接他们。当回到家后，所有日本家庭的人都愣住了。苗圃就在那儿，完好无损，干干净净，在阳光下闪闪发亮。一切井井有条，花儿开得很茂盛。

家里和苗圃一样，干干净净，准备好了迎接主人。在餐厅里有一朵非常漂亮的玫瑰花蕾，含苞欲放，这是一个邻居给另一个邻居的礼物。

（佚名）

善有善报

> 你帮助的人越多，你得到的也越多。你越吝啬，就越一无所有。

他一直在村庄西边的一个小合作社工作。此时，他正驾车行驶在乡间的双行道上。其实，他的工作单位早就像他此时开的车一样，已经进入了"报废期"。但他却从没对生活失去信心。直到单位倒闭、工作没着落、冬天也带着呼啸的寒风赶来时，这股寒意终究还是伤到了他。这是一条偏僻的小路，很少会有人从这儿经过；除非谁想永远离开这个地方，才会不得已踏上这条路。他的很多朋友就是从这条路离开村庄的。因为他们有妻儿要养、有梦要圆。

可他却没有选择离开，毕竟他的父母长眠于此，而且这里是他出生的地方。他对这座山庄十分了解，甚至闭着眼都能穿过这条路。事实上，汽车前灯也已经坏了，此时天越来越黑，雪花也不停地从空中飘落下来。他得快点儿赶回家了。

当他正在路上艰难行驶时，隐约看到不远处有一位老妇人。虽然此时天色已经十分昏暗，但他仍能看出她需要帮助。所以他将车停在了老妇人面前，

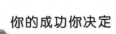

并从车上走了下来，而他的老伙计——那辆旁蒂克车却仍在嘁嘁作响。他冲着老妇人笑了笑，可这会儿老妇人的内心却无法平静，这种天气，若不是到了自己家门口，谁会下车帮忙呢！

难道他会伤害老妇人吗？他看起来一副饥肠辘辘的样子，又不像是有钱人，还真不太安全啊！他很清楚老妇人的心理活动，一个人在这样的冰天雪地里，难免会担心自己的安全。"只有眼前的寒冷才会伤害到你。"他心里想着，并对老妇人说道，"我是来帮你的，夫人。上我车里坐会儿吧，那里暖和些。哦，对了，我的名字叫布赖恩。"

原来老妇人的车胎被扎漏了，虽说不是什么大问题，但对一个老妇人而言，这已经够糟糕了。布赖恩爬到车底找出千斤顶，为此，他的手指被划伤了好几处。不一会儿他就把车修好了，不过却弄得浑身脏兮兮的，而且手也受了伤。当布赖恩为轮胎拧螺丝的时候，老妇人打开车窗与他攀谈起来。她对布赖恩说自己来自圣路易斯，只是路过这里，对于他的帮助自己不知该如何感谢才好。布赖恩却只是朝她笑了笑。她问布赖恩自己应该付多少钱。事实上老妇人觉得自己付多少钱也不算多，因为若不是他的话，自己还不知道会发生什么事呢。

布赖恩根本没想到钱的问题，他又不是以此为生。这只不过是急人之所急而已，而且上帝知道自己从前曾接受过多少人的帮助……因此，他一直在施善于人，却不图回报。他对老妇人说："如果你一定要报答我的话，那么下次如果你在途中遇到有困难的人也一定不要袖手旁观。"布赖恩又补充上了一句："只要能想到我就行了。"直到看到老妇人的车重新启动，他才离开。虽然外面的天气十分阴冷，不过到家后一切都好了，他的心情也渐渐好了起来。

行驶了几英里后，老妇人在一家咖啡馆前把车停了下来。她想吃点东西暖暖身子再继续赶路。这是一家低档次的咖啡馆，门外摆着两个煤气罐，而那个收银机就像一部坏了的电话一样，她可从来没见过这种场景。

这时，脸上挂着甜美微笑的服务员上前递给老妇人一块干净的毛巾，让她把微湿的头发拭干。老妇人注意到眼前这位女服务员已经有近八个月的身孕了，但她始终微笑着，丝毫没有因为一天的劳累或是身体上的不适而改变自己的待客之道。

老妇人对此感到十分不解——为什么那些生活窘迫的人总会尽心尽力地给别人带去温暖呢？此刻，她又想起了布赖恩。饭后，老妇人付账离开时，故意将服务员找给她的100美元掉在地上。后来，服务员发现了地上的100美元，可老妇人却不见了踪影；而在餐巾纸上，服务员又发现了另外400美元。当她读到老妇人的留言时，泪水忍不住流了下来。老妇人写道：

"不要觉得拿了我的钱就欠了我什么，我已经享受了你热情的服务，而且我以前也接受过别人的帮助，所以我也想把这份爱传递给你。如果你想报答我的话，就让爱永远传递下去吧。"

明天仍旧还有桌子要擦、有糖罐要洗、有客人要招待，但一切都不同了，到了明天，一切难题都会迎刃而解。那一夜，当那个服务员回到家悄悄地爬上床的时候，心里一直想着老妇人留给她的话。那个老妇人怎么会知道她和丈夫需要这笔钱呢？下个月孩子就要出生了，日子就会更加艰难。她知道丈夫是多么担心自己。

此时，丈夫正在自己的身边熟睡，她轻轻地吻了吻丈夫的唇，低语道："一切都会好起来的，我爱你，布赖恩。"

（佚名）

巴士上的鲜花

不要被那些少数的不良现象遮蔽住双眼，我们的世界还是美丽的。

三年前的那个夏天，我们还是一群行色匆匆的人。每天清晨坐在从郊区发出的早班车里，竖起衣领，懒洋洋地坐在那儿，一副昏昏欲睡的样子。整个车厢里的气氛非常沉闷，没有一点声响。

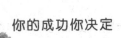

乘客中有一位头发花白、身材矮小的老者，他每天早上都会乘车去老年活动中心。他有些驼背，脸上总是带着一副悲伤的神情。每次在他艰难地走上车后，都会独自坐到司机后面的座位上。没有人会过多地注意这位老者。

然而，七月里的一个清晨，老者上车后，先是向司机问了声好，又对车厢里的所有人露出了难得一见的微笑，然后才落座。司机向他点了点头，而我们依然保持着沉默。

第二天，那位老者神采奕奕地上了车，微笑着对大家说："大家早上好啊，真高兴能见到你们。"有些人带着惊讶的神情抬起头来，低声回答说："早上好。"

接下来的几个星期里，我们对他更加留意了。这位朋友现在穿着一件样式不错的旧西装，打着一条早已过了时的宽松领带，稀疏的头发也精心梳理过了。他每天都会对我们说早上好，而我们也逐渐向他点头致意，并开始攀谈起来。

一天早上，他手里捧着一束野花走进了车内。由于外面天气炎热，一些花瓣已经开始枯萎了。司机微笑着转过头来问道："查理，你是不是交了女朋友啊？"我们根本不知道他的名字是否真的叫查理，但此时，他却已经羞涩地点头承认了。

其他乘客一边吹着口哨，一边鼓掌向他表示祝贺。查理给大家鞠了个躬，在他落座之前，还晃了晃手中的花儿。

从那以后，查理每天早上都会带着一枝鲜花。有些老乘客也开始为他带花，他们总会轻轻地碰他一下，然后略带羞涩地说："给你的。"每个人都微笑着。人们开始彼此开玩笑、聊天，还会一起谈论报纸上的大事件。

夏天过去了，秋天紧随其后。一天早上，查理没有像往常一样等车，而且一连几天他都没有出现。我们猜测他可能生病了，但大家更希望他是去某个地方度假了。当我们的车离老年中心越来越近的时候，其中一位乘客请求司机停下车等一会儿。当她走下车前去询问时，我们都屏住了呼吸。

不远处，我们听到工作人员说，他们知道我们提起的那位老者。那位老者一直很好，但这个星期他却没有来老年活动中心，听说上周末他有一位十分要好的朋友去世了，工作人员估计他下周也许会来。接下来的一路上，我们一直沉默不语。

一周后，我们看到查理在车站等车，但他的背看上去驼得更厉害了，头发也变得愈发苍白，而且他没有系领带，仿佛又恢复了从前的样子。车厢里也像教堂里一样肃静。虽然没有人说话，但我们所有人——曾在那个夏日里得到查理留下来的许多美好回忆的人，手里都拿着一束鲜花，眼里噙满了泪水。

（佚名）

大声说出你的爱

爱就是在你做了巨大的思想斗争之后，最终能够决定舍弃一切去面对，去接受的东西。

从前有个小伙子患了无法治愈的癌症。18 岁的他随时都面临着死亡的威胁。每天他都待在家里由母亲照顾，从未出过家门，实在待烦了，便征得母亲的同意出去转转。

走在大街上，他看到好多商店。当路经一家音像店时，他情不自禁地透过橱窗向里望了望。他停下脚步，又转身折回店门，向里望去。一个与他年龄相仿的、漂亮可爱的女孩子引起了他的注意。他对她一见钟情。他打开门，走了进去，眼里始终只有那女孩儿一个人，没有任何东西能吸引他的眼球。女孩坐在柜台旁，他不由自主地走了过去。

女孩儿抬头问他："请问，您需要什么？"

她微笑着，他觉得这是他一生中所见到的最迷人的笑容。其实此时他最想的是能亲吻她。

他吞吞吐吐地说："嗯……那个……哦……我想买张 CD。"

他随便拿了张 CD，然后把钱递给了她。

"我给你包起来吗？"女孩儿问，又冲他露出了迷人的微笑。

他点了点头，女孩儿又回到了柜台后面，出来时，把包好的 CD 递给了他。他接过来，走出了商店。

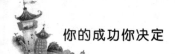
他回家了。自那以后，他每天都要去那家音像店买一张 CD。女孩每天都要包好给他。而他每次把 CD 带回去，都要放到壁橱里。他很害羞，没有勇气约她出去，他真的很想那么做，但却怎么也做不到。母亲知道后，鼓励他向她表白。第二天，他终于鼓起勇气，像往常一样走进了那家音像店，买了一张 CD，她也像往常一样，到柜台后把 CD 包起来。他接过 CD，趁她不注意时他将自己的电话号码放到柜台上，跑了出去……

叮铃铃！！！

一天，电话铃急促地响起来。母亲接起电话说，"喂，您好！"是那个女孩儿！！！母亲开始伤心地哭诉："你知道吗？他昨天'走'了……"

电话那端沉默了片刻，只能听到母亲的啜泣声。后来，母亲到儿子房间去，她只是想念儿子，想看看他的衣物，于是打开了壁橱。

一大堆包好的 CD 映入母亲的眼帘，这些 CD 还都没拆开过。母亲感到很吃惊，她好奇地打开一个包装，从中取出 CD，一张小纸条从里边掉了出来，她拾起来，看到上面这样写着：嗨……你好吗？我真的觉得你好可爱，高兴和我一起出去玩吗？爱你的乔斯琳。

母亲被深深地感动了，她打开了另一个 CD 盒……又掉出一张小纸条，上面写着同样的话：嗨……你好吗？我真的觉得你好可爱，高兴和我一起出去玩吗？爱你的乔斯琳。

（佚名）

活了 100 万次的猫

心中有了牵挂，即使是负荷，却也是最甜蜜的负荷，这样才能甘心地过完一生，安详地死去。

有一只活了 100 万次的猫，它死了 100 万次，也活了 100 万次。但猫一直不喜欢任何人。

有一次，猫是国王的猫，国王很喜欢猫，做了一个美丽的篮子，把猫放在里面。每次国王打仗都把猫带在身边。不过猫很不快乐，有一次在打仗时，猫被箭射死了。国王抱着猫，哭得好伤心，好伤心，但是猫没有哭，猫不喜欢国王。

有一次，猫是渔夫的猫，渔夫很喜欢猫，每次渔夫出海捕鱼，都会带着猫，猫很快乐。

有一次在打鱼时，猫掉进海里，渔夫赶紧拿网子把猫捞起来，不过猫已经死了。渔夫抱着它哭得好伤心，好伤心；但是猫并没有哭，猫不喜欢渔夫。

有一次，猫是马戏团的猫。马戏团的魔术师喜欢表演一样魔术，就是把猫放在箱子里，把箱子和猫一起切开，然后再把箱子合起来，而猫又变回一只活蹦乱跳的猫，不过猫很不快乐。有一次魔术师在表演这个魔术时，不小心将猫真的切成了两半，猫死了。魔术师抱着切成了两半的猫，哭得好伤心，好伤心，不过猫并没有哭，猫不喜欢马戏团。

有一次，猫是老婆婆的猫，猫很不快乐，因为老婆婆喜欢静静地抱着猫，坐在窗前看着行人来来往往。就这样过了一天又一天、一年又一年。有一天，猫在老婆婆的怀里一动也不动，猫又死了，老婆婆抱着猫哭得好伤心，好伤心；但是猫并没有哭，猫不喜欢老婆婆。

猫不是任何人的猫，猫是一只野猫，猫很快乐，每天猫有吃不完的鱼，每天都有母猫送鱼来给它吃。它的身旁总是围了一群美丽的母猫，不过猫并不喜欢它们。猫每次都是骄傲地说："我可是一只活过 100 万次的猫呢！"

有一天，猫遇到了一只白猫，白猫看都不看猫一眼，猫很生气地走到白猫面前对白猫说："我可是一只活过 100 万次的猫喔！"白猫只是轻轻地"哼"了一声，就把头转开了。之后，猫每次遇到白猫，都会故意走到白猫面前说："我可是一只活过 100 万次的猫喔！"而白猫每次也都只是轻轻地"哼"一声，就把头转开。

猫变得很不快乐，一天，猫又遇到白猫，刚开始，猫在白猫身边独自玩耍，后来渐渐地走到白猫身边，轻轻地问了一句话："我们在一起好吗？"

而白猫也轻轻地点了点头"嗯"了一声。猫非常高兴，它们每天都在一起玩，白猫生了好多小猫，猫很用心地照顾小猫们，小猫长大了，一个个离开了。

猫很骄傲，因为猫知道：小猫们是一只活过 100 万次的猫的小孩！白猫老了，猫很细心地照顾着白猫，每天猫都抱着白猫讲故事给白猫听，直到睡着。

一天，白猫在猫的怀里一动也不动了，白猫死了。

猫抱着白猫哭了，猫一直哭、一直哭、一直哭，直到有一天，猫不哭了，猫再也不动了，猫和白猫一起死了，猫也没有再活过来。

猫虽然活了 100 万次，却从没有真正地活过。猫一直被人捧在手掌心中，一直被人疼爱着，但它却一点儿都不开心；直到它开始去爱，开始去体验人生，有了家庭、有了爱人、有了小孩，开始付出它的爱。

（佚名）

先生，您的钱掉了

当你伸出手帮助别人的时候，除了自己的善心之外。再加上一点点技巧，这会让你和你所帮助的人更加快乐

在我还小的时候，父亲曾带我去排队买票，准备看马戏。排了很久之后，在我们前面终于只剩一帮人了，他们是一家的。这家人让我印象深刻：其中有 8 个看上去不到 12 岁的小孩。

他们穿着很普通的衣服，但个个干干净净，举止都很乖巧。在排队时，他们每两个成一排，手牵着手跟在父母身后。

他们兴奋地唧唧喳喳谈论着小丑、大象……今晚肯定是这些小孩感到最快乐的时刻了。他们的父母神气地站在他们的最前面。

母亲挽着父亲的手，看着他，好像在说："你真像一个佩戴光荣勋章的骑士。"

沐浴在骄傲中的他也正微笑地凝视着自己的妻子，好像在回答："没错，我就是你说的那个样子。"

　　售票的女郎问眼前这位父亲要买多少张票。

　　他神气地回答："请给我拿 8 张儿童票和 2 张成人票，我带全家人来看马戏!"

　　售票员告诉了他票的价格。

　　话音未落，他的妻子侧过头，把头垂得低低的。

　　这位父亲的嘴唇颤抖了一下，他向前倾了倾身，问道："您能再告诉我一遍是多少钱吗?"

　　售票员再次告诉了他票的价格。

　　这人显然是口袋里的钱不够! 但是此刻，他怎能转身告诉后面那 8 个兴致勃勃的孩子: 自己没有足够的钱带他们看马戏呢?

　　我的父亲目睹了眼前这一切。他悄悄地把手伸进自己的口袋，把一张 10 元的钞票拽出来，让它落在了地上。（事实上，10 元钱在当时太多了，而我们一点儿都不富裕!）

　　父亲从容地蹲下去，拾起钞票，拍拍前面那位父亲的肩膀，说道："对不起，先生，您的钱掉了!"

　　那位父亲立刻明白了。他并没有乞求任何人伸出援助之手，但是他深深地感激有人在他绝望、心碎和困窘的时刻来帮助他们一家。

　　他直勾勾地盯着我父亲的眼睛，双手紧紧握住父亲的手，把那张 10 元钞票牢牢地压在中间，嘴唇颤抖着，泪水悄悄地从脸颊上滑落。他淡然一笑："谢谢! 谢谢您，先生! 这，对我和我的家庭意义重大。"

　　父亲带着我踏上了回家的路。

　　那晚，虽然我没有如愿看到期盼已久的马戏，但是想到那 8 个小孩脸上绽放出的灿烂笑容，我的心就像在蜜罐中浸过一样。

　　我发誓: 只要今后有机会，我也会"帮人"拾起落在地上的 20 元、100元……

（佚名）

最后一份圣诞礼物

让对方快乐和幸福，这才是自己最大的心愿的满足。

从来没有一个冬季像今年冬季一样，斯特拉坐在她的摇椅上，看着狂怒的雪片一阵阵飘过。她所爱的丈夫在夏天去世，实在让她太难以承受了！她怎样才能忍受住如此的痛苦和每日的寂寞？她怎样才能度过这个圣诞节和冬季其余的日子？她很想躲在被窝里，等到春天和朋友们回来时再出来。

出人意料的，门铃声随着钢琴的响声出现，令斯特拉不禁发出惊讶的声音。像今天这样的日子，谁会来找她？她擦擦眼睛，才发现房间竟那么暗了。门铃第二次响起。

她撑着钢琴站起来，向前门走去，把门稍微打开一些，她则站到旁边，好让两人能面对面说话。

"桑贺普太太？"

她点头回应。如同预期那样，他继续说："这里有一个包裹给你。"

好奇心驱走了疑虑。她把门再推开一些，让陌生人的肩膀顶住它，又往后退了一步，腾出些空间给他。

他走进来，带着在风雪中几乎结冰的呼吸。他脸带微笑，小心地把货物放在地上，然后从口袋里拿出一个信封。

当他把信封交给她时，箱子里发出些声音。斯特拉吓了一跳。那人笑着道歉，弯腰打开箱子，请她亲自看看里面到底是什么。她好奇地往前移动，低头往下看。

是一只狗！更确切说，是来自美国东北部的一只小猎犬。

年轻人把它蠕动的身躯抱起来，解释说："夫人，这是给你的。它现在六周大，已接受过训练懂得如何遵守主人的吩咐，保持家里的清洁。"

小狗从箱子里被抱出来，高兴得跑来跑去，并用润湿的嘴唇吻着年轻人。

"我们原本应该在圣诞节前夕送它来，"他躲开小狗润湿的舌头，困难地说，"但饲养场的人员明天起便开始休假，希望你不介意早点儿收到礼物。"

她惊讶得无法一口气说完一句话："可是……我不知道……我的意思是……是谁?"

年轻人把小狗放在门垫上，用手指着她仍拿着的信封。

"里面的信大概能说明一切。这只狗在七月还在母腹中就被买下来了，买主要把它作圣诞礼物。请等一会儿，我车子里还有些东西给你。"

斯特拉还来不及反对，他已经走向车子了。回来时带着一大箱狗饲料、一条皮带和一本名叫《怎样饲养猎犬》的书。

令她难以置信的是年轻人竟要离去了。不知所措的感觉迫使她开口："当初是谁把它买下来的?"他在门外停住了脚步："夫人，是你的丈夫。"

信里说得一清二楚。他在逝世前三周写了这封信，嘱咐饲养场主人到小狗诞生时一起交给她，作为最后一份圣诞礼物。

信上充满了爱与鼓励，并劝她要坚强之类的话。他许诺将等待着与她重逢，也希望这小动物能陪伴她，直到两人再相见。

她终于开始想到小狗，她把它抱在怀中，小狗舔着她的面颊，又往她颈项旁边钻。在这温情激动之下，新的泪水涌流出来，小狗则安静下来，似乎等待着她。

黄昏已经来临，暴风似乎已泄尽了它的怒气。雪花现在以比较柔和的速度落下，她看见邻居的圣诞灯饰在屋顶上闪光，厨房传来普世欢腾的音乐声。

斯特拉忽然觉得全身沐浴着极为奇妙的平安和福气，似乎是一种爱的拥抱!

（佚名）

我是重要的

其实，我们身边的每个人都很重要，不要让我们变得麻木，不要吝惜我们的语言，让我们真诚地对他说："你真的很重要。"

一位在纽约任教的老师决定告诉她的学生，他们是如何重要，来表达对他们的赞许。

她决定采用一种方法，也就是将学生逐一叫到讲台上，然后告诉大家这位同学对整个班级和对她的重要性，再给每人一条蓝色缎带，上面用金色的字写着："我是重要的。"之后那位老师想做一个班上的研究计划，来看看这样的行动对一个社区会造成什么样的冲击。

她给每个学生三个缎带别针，教他们出去给别人相同的感谢仪式，然后观察所产生的结果，一个星期后回到班级报告。

班上一个男孩子到邻近的公司去找一位年轻的主管，因他曾经指导过他完成生活规划。

那个男孩子将一条蓝色缎带别在他的衬衫上，并且又多给了两个别针，接着解释："我们正在做一项研究，我们必须出去把蓝色缎带送给感谢尊敬的人，再给他们多余的别针，让他们也能向别人进行相同的感谢仪式。下次请告诉我，这么做产生的结果。"

过了几天，这位年轻的主管去看他的老板。

从某些角度而言，他的老板是个易怒、不易相处的上司，但极富才华。他向老板表示十分仰慕他的创造天分，老板听了十分惊讶。

这个年轻主管接着要求他接受蓝色缎带，并允许他帮他别上。一脸吃惊的老板爽快地答应了。

那个年轻主管将缎带别在老板外套、心脏正上方的位置，并将所剩的别针送给他，然后对他说："您是否能帮我个忙？把这缎带也送给您所感谢的

人。这是一个男孩子送我的，他正在进行一项研究。我们想让这个感谢的仪式延续下去，看看对大家会产生什么样的效果。"

那天晚上，那位老板回到家中，坐在 14 岁儿子的身旁，告诉他："今天发生了一件不可思议的事。在办公室的时候，有一个年轻的下属告诉我，他十分仰慕我的创造天分，还送我一条蓝色缎带。想想看，他认为我的创造天分如此值得尊敬，甚至将印有'我是重要的'的缎带别在我的夹克上，还多送我一个别针，让我能送给自己感谢尊敬的人，当我今晚开车回家时，就开始思索要把别针送给谁。我想到了你，你就是我要感谢的人。这些日子以来，我回到家里并没有花许多精力来照顾你、陪你，我真是感到惭愧。有时我会因你的学习成绩不够好，房间太过脏乱而对你大吼大叫。但今晚，我只想坐在这儿，让你知道你对我有多重要，除了你妈妈之外，你是我一生中最重要的人，好孩子，我爱你。"

他的孩子听了十分惊讶，他开始呜咽啜泣，最后哭得无法自制，身体一直颤抖。

他看着父亲，泪流满面地说："爸，我原本计划明天要自杀，我以为你根本不爱我，现在我想那已经没有必要了。"

（佚名）

小偷和圣诞老人

有爱就有天堂。人间最不缺乏的就是爱，即使这爱中有谎言、有欺骗，却也掩盖不住它夺目的光彩。

家住彭萨科拉的莱波里诺和他的儿子相依为命，他的妻子一年前患重病撒手人寰了。为了给妻子治疗，家里用去了不少钱，如今他们根本没有任何积蓄，只能靠领救济金度日。

圣诞节快到了，5岁的儿子盼望着圣诞那天，爸爸可以用自行车带着他到游乐园玩，所以他希望圣诞老人给他们送来一辆自行车。

儿子歪歪斜斜地给圣诞老人写了封信，委托爸爸到邮局代发。信发走后，儿子每天都会满眼期待地问莱波里诺："爸爸，圣诞老人会收到我的信吗？"

面对儿子清澈的眼神，莱波里诺的喉咙哽咽了，他点点头，安慰儿子说："当然会的，圣诞老人最喜欢懂事的孩子了，你耐心地等着吧。"

眼看圣诞节就要到了，可是到哪里弄一辆自行车啊？莱波里诺一筹莫展。

圣诞节前夜，莱波里诺从外面心事重重地空手而归，无奈之下只好欺骗望眼欲穿的儿子说："圣诞老人给你送来圣诞礼物了。"

儿子兴高采烈地问："在哪儿？"

他告诉儿子："不过，我把那辆崭新的自行车放在公园草坪上，进了趟厕所的工夫，它就不翼而飞了。"

儿子信以为真，喃喃地说："或许是哪个人借去用了吧，爸爸，你何不写张告示，也许还能把圣诞老人给我的礼物找回来呢！"

为了安慰儿子，莱波里诺果真写了一张告示，希望小偷大发善心将自行车送回。

平安夜，父子俩围坐在桌前，忽然传来一阵敲门声，开门一看，没有人，只有一个信封放在门口，里面装了200美元。信封里还有一张便条，上面写着："每有1个小偷，就有1000个圣诞老人。"

这件事让莱波里诺感动极了。但事情并没有到此结束，接下来的几天，他又收到了好心人送来的10辆自行车。其中，有一辆正是小偷送回的，小偷还附了封愧疚的信。

最后，他只留了一辆，其他车子都送给需要它的人了。因为他的儿子永远也不会骑车——他是个残疾人，在一次车祸中，他失去了一条腿。

这件事莱波里诺没有对任何人透露，包括他的儿子，这个秘密一直是他心中的痛。

为了抵消内疚，莱波里诺发誓：总有一天，他会扮演圣诞老人百倍千倍地给那些像他的儿子当年一样期待自行车的孩子送去圣诞礼物。

这个誓言，让莱波里诺自强不息，奋斗了一生，终于在40年后得以实现。

2006年，莱波里诺幸运地当选为美国邮政管理局该年度"扮圣诞老人献爱心"活动的圣诞老人。这位年逾古稀的老人，献出的爱心是1000辆自行车。

（佚名）

最后的一片藤叶

在生活中，有着太多像贝尔曼先生虽然穷困潦倒，却仍无私关怀、帮助他人，甚至不惜付出生命的代价的人，他们看似平凡，但却是真正的英雄。

在华盛顿广场西面的一个小区里，街道发了疯，突然变成一块块条带状地段，即所谓的"街段"。这些街段生出些奇特的棱角和曲线。一条街形成一两个十字路口。一位艺术家有次发现了这条街的宝贵潜在价值。假设一个收款人，带着账单来收颜料、画纸和画布的钱。他在这街路上转来转去，或许会猛然发现自己转回了原处，账款一分未收！

因此，搞艺术的人不久就来到古色古香的格林威治村。他们四处寻觅，要猎取北向的窗户，十八世纪的山墙，荷兰式的阁楼，还有低廉的房租。然后，他们从第六大道引进一些白镴杯子和一两只暖炉，形成一个"集居区"。

在一幢矮墩墩的三层砖结构房子里，顶层就是休和约翰西的画室。"约翰西"是乔安娜的昵称。这两个人，一个来自缅因州；另一个来自加利福尼亚州。她俩是在第八街的"德尔莫尼科饭店"吃定价客餐时相遇的。她们发现，在艺术，菊苣色拉、灯笼袖等方面，彼此的爱好如此相同，于是就合租了那间画室。

那是五月里的事。十一月，一位冷酷无形的不速之客——医生称之为肺炎，在集居区周围高视阔步，用冰冷的手指乱戳乱碰。这个灾害狂，在东区击倒了几十个牺牲品之后，肆无忌惮地跨了过来，然而，在穿过这些迂曲狭窄，苔藓遍布的"街段"时，他的脚步慢了下来。

肺炎先生不是你们常常称之为具有骑士品质的那种老绅士。一个被加利福尼亚的西风吹淡了血色的弱小女人，远不是这个长着红拳头，气喘吁吁的老蹩脚货的公平对手。但他击倒了约翰西；她躺在滚过的铁床上，几乎一动不动，从荷兰式窗子玻璃上望出去，盯着毗邻砖屋那木然的墙壁。

一天上午，忙忙碌碌的医生扬了扬灰色的浓眉，示意休到门厅里去。"不妨这么说，她有十分之一的机会。"他说着，把体温表里的水银柱甩下去。"这机会就在于她要有活下去的愿望。有人铁了心要同殡仪员站在一边，这就使无论什么药都显得无能为力。你的这位小姐已经认定她不会好起来。她有什么心事吗？"

"她——她想画那不勒斯海湾。"休说。

"画画？——胡扯！她心里有没有值得想上两遍的什么事。比如说男人？"

"男人？"休说，声音中的鼻音就像从单簧口琴上发出来的。"男人就值得——不过，没有，医生；没有这样的事。"

"嗯，这么说来是虚弱的缘故，"医生说，"我将尽我所学，凡科学能达到的，我都将做到。不过，一旦我的病人开始清点她送葬队伍里的马车，我就得减去一半药品的治疗力量。如果你能使她就披风衣袖的冬季款式提个问题，我敢向你保证，那她的机会就是五分之一，而不是十分之一。"

医生走了以后，休走进工作室，哭得一张日本餐巾变成了一团纸浆。后来，她带着画板，口里吹着雷格泰姆曲调，昂着头走进了约翰西的房间。

约翰西躺着，在被子下几乎纹丝不动，脸朝着窗子，休以为她睡着了，停止了吹口哨。

她搭好画报，开始为杂志的小说画钢笔画插图。青年艺术家必须靠杂志的小说插图来为自己铺平通向艺术的道路，这正如青年作家必须靠杂志小说来给自己铺平通向文学的道路一样。

当休正在为小说的主角，一位爱达荷牛仔，画他在马匹展览会上穿的漂亮马裤和单片眼镜时，她听到一个微弱的声音重复了几遍。她赶快走向床边。

约翰西的眼睛睁得大大的。她望着窗外，在计数——在倒计数。

"十二，"她说，稍后又说，"十一"；然后是"十、九"，接着是几乎没有停顿的"八"和"七"。

休关切地向窗外望去。外边有什么可数的呢？外边可见的只有一个空空

26

的、阴沉沉的院子，还有二十英尺外的砖屋那木然的墙壁。一株极老极老的常春藤，其根节节疤疤的，已经朽烂，攀缘到半墙高。秋天的寒流扯掉了藤上的叶子，到现在，差不多掉光了叶的藤技还紧紧地抓着快要坍塌的砖墙。

"什么事，亲爱的？"休问。

"六，"约翰西几乎是在耳语地说，"它们现在掉得更快了。三天前差不多有一百片。数它们数得我头痛，不过现在数起来容易了。又掉了一片，现在只剩下五片。"

"五片什么，亲爱的？告诉你的休迪。"

"叶子。常春藤上的。当最后一片落掉时，想必我也得去了。三天前我就知道了。难道医生没告诉你？"

"哦，我从没听到过这样的胡话，"休一副嘲笑的样子，埋怨地说，"常春藤的老叶子同你好起来有什么关系？你一向很喜欢那株常春藤，你这个顽皮的姑娘。别犯神经病了。喂！今天上午医生对我说，好起来很快，你康复的机会是——让我想想，他说的原话是——他说，机会是十之八九！可不，这机会就差不多跟我们在纽约市内搭乘有轨电车或步行走过一幢新房子的机会一样好。来，喝点汤试试，让休回到画上去，这样她才能把它卖给编辑先生，给病中的孩子买回波尔图葡萄酒，给她自己饥肠辘辘的肚子买些猪排。"

"你不必再买酒了，"约翰西说，两眼死死地盯着窗外。"又掉了一片。不，我不想喝什么汤，只剩下四片叶子了。我想在天变黑之前，看到最后一片叶落下。到那时，我也将离去。"

"约翰西，亲爱的，"休俯身说，"你能不能答应我，在我干完以前，闭上眼睛，别看窗外，明天是最后期限，我必须提交这些插图。我需要光线，否则我就会拉下窗帘。"

"你就不能到另一间屋去画吗？"约翰西冷淡地问。

"我宁愿在这儿伴着你，"休说，"再说，我不想你老盯着那些无聊的常春藤上的叶子。"

"你一干完就告诉我一声，"约翰西说，合上眼睛，脸色苍白地躺着，静静地就像一尊倒伏的雕像，"因为我想看看最后一片藤叶落下。我等得厌倦了。我想得也厌倦了。我想摆脱一切，像那些可怜的厌倦的叶子中的一片，飘落下去，下去。"

"试试睡一睡，"休说，"我得去叫贝尔曼上来，给我当那个遁世老矿工的模特儿。我去不了一分钟。在我回来前，千万别动。"

贝尔曼老人是位画家，住在她们下边的底层。他已年过六十，长着米开朗琪罗的摩西雕像式的络腮胡子，这胡子从萨梯的头上开始，顺着小魔鬼的身子卷曲而下。在艺术上，贝尔曼是个失败的人。他操了四十年的画笔，可还没进到足以触摸艺术女神长袍的下摆的地步。他一直想画一幅杰作，但始终没有动笔。多年来，他除了偶尔在商贸那一行中或广告上抹抹涂涂之外，什么也没画过。他挣的那几文，全靠他给集居区里的青年艺术家当模特儿，因为这些人付不起职业模特儿的价钱。他喝杜松子酒，一过量就老调重弹，提起他那为期不远的杰作。除此之外，他是一个火气大的小老头儿，他无情地嘲笑任何一个人的软弱，他把自己看成是一条特殊的侍奉人的大驯犬，要保护楼上画室里的两位青年艺术家。

休在楼下贝尔曼那间光线黯淡的小屋里找到他时，他身上正散发着浓浓的杜松子酒气。屋里一角的画架上绷着一块空白的画布，它在那儿已经等了二十五年，等着杰作的第一笔落下去。她告诉他约翰西的怪念头，还有自己多么害怕在她轻轻抓着这个世界的手越来越乏力的时候，她会真的像一片轻轻的、纤弱的叶子那样飘飘而去。

老贝尔曼两眼通红，清泪晶晶，他用叫声来表达他对如此愚蠢的胡思乱想的蔑视和嘲笑。

"岂有此理！"他叫道，"就因为叶子从该死的藤上掉了，世上竟有人蠢得想死？我还没听到过这等事。不，我可不愿摆姿势，做你那个像白痴的遁世笨蛋模特儿。你为什么让那样糊涂的念头钻进她的脑袋？唉，那可怜可爱的约翰西小姐。"

"她病得很重，很虚弱，"休说，"发烧已经使她的脑子处于不正常的状态，使她满脑子都是些怪念头。贝尔曼先生，要是你不介意给我做模特儿，那就太好了，你不必介意。话又说回来，我认为你是个极不友好的老——老饶舌鬼。"

"你真像个女人！"贝尔曼叫着说，"谁说我不愿当模特儿？走吧！我就去。半个小时了，我一直在说我准备好了去当模特儿。天哪！这儿根本不是像约翰西小姐那么好的人病倒的地方。总有一天，我将画一幅杰作，这样我们都将离开。天啊！等着吧。"

当他们上楼时，约翰西睡着了。休放下窗帘，一直遮到窗台，然后示意贝尔曼到另一个房间去。他们在那儿担心地凝视着窗外的常春藤，然后你看看我，我看看你，有那么一会儿谁也没说一句话。雨冷冰冰的，夹着雪花，下个不停。穿着蓝色旧衬衫的贝尔曼，像位遁世的矿工，坐在代替岩石的扣过来的锅上。

第二天早晨，当休从一小时的睡眠中醒来的时候，她发现约翰西无神的眼睛睁得大大的，盯着垂下的绿色窗帘。

"把它拉起来；我想看看。"她耳语式地命令道。

休满面愁容地依从了。

不过，瞧！在持续了整整一夜的凄风苦雨的狂吹猛打之后，一片常春藤的叶子仍引人注目地靠在砖墙上，它是藤上的最后一片叶子。靠近叶柄的地方依旧深绿，不过，那锯齿形的叶缘带着枯败的黄色，它挑战似的挂在一根枝条上，离地面大约二十英尺高。

"那是最后一片叶子，"约翰西说，"我以为夜里它肯定会掉。我听到了风声。今天它将掉下，同时我也将死。"

"亲爱的，亲爱的！"休说着，俯下憔悴的脸靠在枕头上。"如果你不愿想想自己，就想想我吧。我将怎么办？"

然而，约翰西没有回答。在世界上，最孤单寂寞的事莫过于一颗灵魂准备踏上神秘、遥远的旅途。当把她同友情和尘世联结在一起的纽带一根接一根地松开时，幻觉似乎就把她攥得越紧。这一天消磨过去了，即使在黄昏时分，她们仍能看见那片孤零零的常春藤叶坚守在叶柄上，靠着墙。后来，随着夜色的来临，北风又起，相伴的雨点仍旧打在窗子上，从低矮的荷兰式屋檐口嗒嗒地下滴。

当天色大亮时，约翰西硬起心肠，吩咐把窗帘拉起来。

那枚常春藤叶仍在那儿。

约翰西躺着，盯着它看了好久好久。然后她向正在煤气炉上搅动鸡汤的休喊道："我是个坏姑娘，休迪，"约翰西说，"有什么东西使那最后的一片叶子住在那儿，启示我我是多么的可恶。想死即罪过。现在你可以给我拿点汤来，再来些掺波尔图葡萄酒的牛奶，还有——不；先给我面小镜子，然后给我垫些枕头，我要坐起来看你煮东西。"

过了一小时，她说："休迪，我希望有一天去画那不勒斯海湾。"

这天下午，医生来了，他离开时，休找个借口走进门厅。

"机会对半开，"医生握住休颤抖的小手说，"好好护理，你将获胜。现在，我必须到楼下去看我的另一位病人。贝尔曼，这是他的名字——一位顶呱呱的艺术家，我绝不怀疑。也是肺炎。他又老又弱，病情危重。对他来说，已没有希望；不过，他今天去医院，这会使他舒服些。"

第二天，医生对休说："她已脱离危险，你胜利了。现在，营养和照顾——就足够了。"

当天下午，休来到约翰西躺着的床边。约翰西正心满意足地织着一条非常绿、非常无用的披巾。休伸出手臂把约翰西连枕头一把搂住。

"我有事告诉你，小白鼠，"她说，"贝尔曼先生今天在医院里死于肺炎。他只病了两天。头天上午，照管房屋的工友在楼下他的房间里发现他痛苦得忍受不下去。他的鞋子和衣服全湿透了，冷得像冰。人们想象不出，在如此恶劣的夜晚他上哪儿去了。后来，他们找到一盏仍亮着的提灯，还有一架从原地挪动过的梯子，还有几支乱扔着的画笔，一块调色板，调色板上还有调过的绿色和黄色颜料，还有——看看窗外，亲爱的，看看墙上那片最后的常春藤叶。为什么它从不随风飘动，难道你不觉得奇怪吗？啊，亲爱的，那是贝尔曼绝无仅有的作品——在那最后的一片藤叶掉下之夜，他把它画在了哪儿。"

（佚名）

你永远不会孤单

　　在生活中，每个人都需要友爱的搀扶和关怀。但愿所有的人都拥有友谊和快乐！

有一个叫史蒂文的少年，10岁那年，在一次手术中，因输血不幸染上了艾滋病。从此，伙伴们都像躲避瘟疫一样躲着他，只有大他4岁的布兰特依旧像从前一样跟他玩耍。

　　一个偶然的机会，布兰特在杂志上看见一则消息，说新奥尔良的一位医生找到了能治疗艾滋病的药物，这让他兴奋不已。

　　于是，在一个夜晚，他带着史蒂文悄悄地踏上了去新奥尔良的路途，他梦想着也许到那儿之后，一个健康快乐的史蒂文就可以和他一起回来，然后开始过上正常人的生活。

　　为了省钱，他们晚上就睡在随身带的帐篷里，由于饥寒，史蒂文的咳嗽次数多了起来，从家里带来的药也快吃完了。

　　这天夜里，史蒂文冷得直发抖，他用微弱的声音告诉布兰特："我刚才做了一个梦，梦见了200亿年前的宇宙。可是，星星的光芒是那么微弱，我一个人孤零零地待在那里，怎么也找不到回家的路。"

　　这时，布兰特把自己的鞋子拿过来塞到史蒂文的手上："别害怕，以后你再做这样的梦，就想想布兰特的臭鞋还在你手上，布兰特肯定就在附近，你永远不会孤单。"

　　史蒂文紧紧抱住布兰特，眼泪止不住地流了下来。

　　过了几天，他们身上的钱差不多要用完了，可离新奥尔良还有很远，史蒂文的身体也越来越弱，布兰特不得不放弃计划，带着史蒂文回到了家乡。

　　布兰特依旧常常去史蒂文家看望他，鼓励他，还把自己的漫画借给他看。有时布兰特陪史蒂文去医院做检查时，还会玩装死游戏吓医生和护士。

　　一个冬日的下午，阳光照着史蒂文瘦弱苍白的脸，布兰特问他想不想再玩装死的游戏，史蒂文点点头。然而这回，史蒂文却没有在医生为他测量心跳时忽然睁开眼笑起来，他真的死了。

　　那天，布兰特陪着史蒂文的妈妈回家。两人一路无语，直到分手的时候，布兰特才抽泣着说："我很难过，没能为史蒂文找到治病的药。"史蒂文的妈妈泪如泉涌地说："不，布兰特，你找到了。"说着，她紧紧地搂住布兰特："你给了他一只鞋，他始终记着那句话。他一直为有你这个朋友而感到快乐和满足。"

　　　　　　　　　　　　　　　　　　　　　　　　　　（佚名）

小小抄写员

他们的心灵是那样美好而崇高，他们之间的爱是那样的深沉！

朱利亚是小学五年级学生，12岁，黑黑的头发，白白的脸孔，是个漂亮的孩子。他的父亲是铁路职员，子女多，全家都靠他一点微薄的工资过着清苦的日子。他父亲觉得子女多虽是累赘，却把希望寄托在他们身上，特别是对朱利亚这个大儿子，几乎是要什么就给什么。但对他在学校的功课，却督促得很严。这是因为希望他从学校毕业后，能找到一个较好的工作，使全家生活过得好些。

父亲年纪大了，过多的操劳使他更显得衰老。他白天在铁路工作，晚上还从外面接了文件来抄写，每天要写到很晚才休息。近来，某杂志社托他书写把杂志寄给订户的封套，每500只酬金三个里拉，字体要写得很端正。这工作的确很不容易。老人常在吃饭时向家人说起："我的眼力似乎越来越不行了。做这夜工，连生命都要贴进去呢！"一天，朱利亚对父亲说："爸，我试试替你抄写吧。我的字也像你写的一样端正呢！"

"不行！你的任务是认真学习，你的功课比我写封套不知要重要多少倍呵！哪怕是剥夺你一小时的学习时间，我心里也过不去的。我感谢你的好意，但我不希望你替我抄写。以后不要再提这件事了。"

朱利亚知道父亲的脾气，也不和他争执，只暗地里想办法。

每天晚上12点钟敲过，就听见父亲移动椅子的声音，接着就听见父亲回房睡觉的脚步声。一天晚上，朱利亚等父亲睡下以后，悄悄起来穿好衣服，蹑手蹑脚走到父亲书房里，关上房门，点亮油灯，桌面上放着一叠空白的封套和杂志订户的名册，朱利亚就仿着父亲的笔迹开始抄写，心里既高兴又害怕。写了好久，封套渐积渐多，他放下笔搓搓手，又继续写下去，一面写，一面侧着耳朵听。一口气写了160只，赚到1个里拉了，才把笔放回原处，熄了灯，轻轻地回房睡觉。

他的父亲每晚都按着钟点机械地抄写，一面还想着其他事情，总要到第二天才数他抄了多少，所以，并没有发觉朱利亚代抄的事。

第二天中午，父亲很高兴地拍着朱利亚的肩膀说："喂！朱利亚！你父亲还没有像你心目中的那样老哩！昨天晚上写了两个小时，比平常多写了三分之一。我的手指还不太累，眼睛也还好使呢！"朱利亚听了虽没有说什么，心里却很快活。他想：可怜的父亲，我除了能帮他挣钱以外，还能使他高兴地以为他还没有老哩！好！以后就帮他写下去吧！

在这样的想法鼓舞下，第二天晚上，钟敲12点以后，朱利亚仍旧起来抄写。这样过了几天，父亲还是没有察觉，只是在一天晚餐的时候说："真奇怪！近来灯油忽然多用了不少！"

朱利亚吃了一惊。幸好父亲再没有说什么。那天晚上，他还是接着抄写下去。

但是，朱利亚由于每天熬夜，睡眠不足，结果早上总是不想起床，晚上复习功课总打瞌睡。有一晚，朱利亚竟平生第一次伏在桌子上睡着了。"喂！起来！起来做作业啦！"父亲拍着他的肩膀叫醒他。朱利亚张开眼睛，看见父亲站在面前，很不好意思地低头继续学习。可是，连续几晚复习时，他都要打盹或睡觉，平时也总是带着倦容，好像很累似的。父亲开始注意他了，严肃地提醒他。终于，向来和颜悦色的父亲也忍不住动了气："朱利亚！我真不能容忍了！你简直变成另一个人了。你要记住，全家的希望都寄托在你身上。我很不满意你近来的表现，你懂吗？"

朱利亚有生以来没有受过父亲这样的责备，心里很难过。他暗地里说："真的，再不能这样下去了，到此为止吧！"

那天，晚餐桌上父亲很高兴地宣布："你们知道吗？这个月比上个月多挣了32个里拉呢！"一面从抽屉里拿出一袋糖果，说是买来庆祝的。弟妹们都拍手欢呼起来，津津有味地吃着很久没有吃过的糖果。朱利亚心里受到很大的鼓舞，心里想："呵！可怜的爸爸！我还是不能不瞒着你，白天多用点功，晚上还是要继续干，为了你，也为了全家。"

父亲又压低声音说："32个里拉虽然很好，可是，朱利亚，我觉得对你实在没有办法了。"朱利亚忍住快要迸出来的眼泪，默默地承受着责备，但他心里还是高兴的。

从此以后，他还是尽力工作着。可是，疲劳却变本加厉地缠着他。这样又过了两个月，父亲的眼色更可怕了。

有一天，父亲到学校去找级任老师问个究竟，老师说："他的成绩还是过得去，因为他的天资还是聪明的。可是，他没有以前用功了，上课时总是打呵欠想睡觉，思想不集中，叫他作文，只是短短地写了一点就交卷，字也写得潦草了。他本来是可以做得更好的。"

那天晚上，父亲把朱利亚叫来，用更严厉的态度对他说："朱利亚！你知道我为了养活全家是在怎样拼命地干哪！可是，你的学习竟这样令我失望，你对得起我吗？对得起你的母亲和弟妹吗？"

"呵！不！爸爸，请不要这样说。"朱利亚噙着眼泪说，他正想把两个多月来的经过和盘托出，父亲拦住他的话头说："你应该知道家里的情况，一家人要省吃俭用才能维持下去。我不是那样努力做着双份的工作吗？这个月本来指望铁路局发下 100 里拉奖金的，今天才知道，这笔奖金不发了。"

朱利亚听了，又把刚才要说的话咽下去，自己心里说："还是不要说的好，继续暗中帮助父亲工作吧！对不起他的地方，从别处去补偿吧！学校的功课一定要及格，非升级不可！但现在最主要的是帮助父亲，养活全家，必须全力减轻父亲的负担。"

又过了两个月。儿子这边更拼命地干，父亲那边却更严厉地责备。最令人痛心的是，父亲的态度日渐冷淡。他认为这个儿子已不可救药，没有指望了。从此不再和他说话，甚至不愿意见到他。朱利亚心里十分痛苦，有时从后面望着父亲佝偻的背影，几乎要扑过去跪在父亲面前请求宽恕。悲哀和疲倦折磨得他脸色苍白，学校功课也越来越赶不上了。他自己也知道非停止夜工不可，每晚睡觉的时候，常对自己说："从今晚起，真的不再起来抄写了。"可是，一到 12 点钟父亲就寝以后，刚下的决心又动摇了，好像如果不起来抄写，就是放弃了自己对家庭的责任，就是偷用了家里 1 个里拉的钱。他想，父亲总有一天会发现的，或者在检数封套的时候会认出他的笔迹来，那时，父亲便会原谅的。因此，他还是每晚起来抄写。

有一天晚餐的时候，母亲发现朱利亚的脸色更加苍白了，便关心地说："朱利亚，你有病是吧？脸色多不好呵！孩子，你觉得哪里不舒服呀？"说着，又忧虑地看着丈夫，要他想办法关心一下。

父亲向朱利亚瞟了一眼说："即使有病也是他自作自受，他以前做好学生和好孩子的时候，并不是这样的。"

"但是，他真是有病了！"母亲叹口气争辩说。

"我早已不管他了。"

朱利亚听了，心里像刀割一样地痛苦。"父亲竟不管我了，以前我偶一咳嗽就问长问短的父亲，现在已不理我了。呵！毫无疑问，我在父亲心目中已经死了。父亲，我没有你的爱是活不下去的，我说出来吧，不再瞒你了。只要能重新得到你的爱，我一定要比从前加倍努力的，这次可真要下决心了！"

可是，晚上由于习惯的力量已超过他的决心，他还是按时起来了，想在这静夜中向在其中秘密工作了几个月的小房间做最后的告别。他点上灯，看见小桌上空白的封套和那些熟悉的人名、地址，心想从此再也不写了，但又感到难舍难分，便又坐下来开始写。一不小心，把一本书碰落在地，这时满身的血好像突然集中到心脏里来：如果父亲被惊醒了怎么办？当然这不是做什么坏事，自己早就想告诉父亲的；但是，如果这黑夜中传出的声音把父亲惊醒，他起来发现了我，母亲也会惊醒，那么，父亲将会为几个月来对我的愤怒和失望，感到怎样懊悔和惭愧呵！他这样想着，竟有点不安起来了。他侧着耳朵，屏住呼吸静听。没有什么声响，家人都在静静地睡觉，心里这才镇定下来，继续抄写。封套一张接一张地堆积起来。不时，门外传来警察有节奏的皮靴声，还有"隆隆"通过又渐渐远去的马车声，一会儿又有一列火车通过的轧轧声。响过以后，一切又归于寂静，只是有时远处传来几声犬吠。他还是聚精会神地抄写着。

其实，父亲早已站在他背后了。刚才，父亲被书册掉地的声音惊醒了，已起来好一阵，只是那马车、火车通过的声音，把父亲的脚步声和开门声掩盖了。这时，父亲白发苍苍的头俯在朱利亚黑头发上面，看那钢笔尖在纸上飞速地移动。父亲对几个月来发生的种种事情完全明白了，一种懊悔同时又无限怜悯的情感占据了他的心，使他钉在儿子背后，一动不动。

朱利亚忽然觉得有一双颤抖着的手臂抱住他的头，不禁"呀！"的一声惊叫起来。他听到父亲哭泣的声音，转过身来抱着父亲说："爸爸！原谅我！请您原谅我！"

父亲含泪吻着他的额头说："孩子！你原谅我吧！一切都明白了，真对不起你！来吧！"说着，扶着儿子走到母亲床前。

"你吻吻我们的小天使吧！可怜的孩子，三四个月来，他竟暗地里为全家挣面包，而我却一味责骂他呢！"

母亲起来把朱利亚紧紧抱在怀里，说："宝贝！快去睡吧！快去睡吧！"又向父亲说："你陪他去睡吧！"

父亲陪他到卧室里，替他放好枕头，盖上被子。朱利亚说："爸爸，谢谢你！你也睡吧，我已经很满足了。"

可是，父亲还是拉着儿子的手，伏在床边说："睡吧！睡吧！我的孩子！"

朱利亚因为疲劳过度，很快就睡着了；几个月来没有好好地睡过一晚，竟做了许多快乐的梦。当他睁开眼睛时，太阳照满了一屋子，他发现满头白发的父亲就靠在床边。原来，父亲把头贴近儿子的胸前，就在床边睡着了。

（佚名）

三棵树

要说自己梦想渺茫，不要嫌自己微不足道，也不要抱怨事与愿违；只要你有一颗爱的心灵，你终将闪耀着真、善、美的人性光芒。

从前，在某个山冈上，三棵小树站在上面，梦想长大后的光景。

第一棵小树仰望天空，看着闪闪发光的繁星。"我要承载财宝，"它说，"要被黄金遮盖，载满宝石。我要成为世上最美丽的藏宝箱！"

第二棵小树低头看着流往大海的小溪。"我要成为坚固的船，"它说，"我要遨游四海，承载许多强大的君王，我将成为世上最坚固的船！"

第三棵小树看着山谷上面，以及在市镇里忙碌来往的男女。"我要长得够高大，以至人们抬头看我时，也将仰视天空，想到神的伟大，我将成为世上最高的树！"

许多年过去，经过日晒雨淋之后，三棵小树皆已长大。

一天，伐木者们来到山上。

第一位伐木者看到第一棵树说："这一棵树很美，最合我意。"于是利斧一挥，第一棵树倒下了。

"我要成为一只美丽的藏宝箱，"第一棵树想，"我将承载财富。"

第二位伐木者看着第二棵树说："这一棵树很强壮，最合我意。"利斧一挥，第二棵树倒了下来。"现在我将遨游四海，"第二棵树想，"我将成为坚固的船，承载许多君王！"

当第三位伐木者朝第三棵树看时，它的心顿时下沉，它直立在那里，勇敢地指向天空。但第三位伐木者根本不往上看。"任何树都合我用。"他自言自语地说。利斧一挥，第三棵树倒下来。

当伐木者把第一棵树带到木匠房里，它很高兴，但木匠准备做的不是藏宝箱。他那粗糙的双手把第一棵树造成一个给动物喂食的料槽。曾经美丽的树本可承载黄金或宝石，但如今它被铺上木屑，里面装着给牲畜吃的干草。

第二棵树在伐木者把它带到造船厂时发出微笑，但当天造成的不是一艘坚固的大船。反之，那一度强壮的树被做成了一般的简单的渔船。

这条船太小也太脆弱，甚至不适合在河流上航行，它被带到一个湖里。每天它承载的均是气味四溢的死鱼。

第三棵树被伐木者砍成一根根坚固的木材，并且放在木材堆内，它心里困惑不已。

"到底是怎么一回事？"曾经高大的树自问，"我的志愿是站在高山上，指向神。"

许多昼夜过去，这三棵树几乎都忘记了它们的梦想。

一天晚上，当金色的星光倾注在第一棵树上面时，一位少妇把她的婴孩放在料槽里。

"我希望能为他造一张摇床。"她的丈夫低声说。

母亲微笑着捏一捏他的手，星光照耀在那光滑坚固的木头上面。"这马槽很美。"她说。

忽然，第一棵树知道它承载着世界上最大的财宝。

一天晚上，一位疲倦的旅客和他的朋友走上那旧渔船。当第二棵树安静地在湖面航行时，那旅客睡着了。不久强烈的风暴开始侵袭。小树摇撼不已，它知自己无力在风浪中承载许多人到达彼岸。

疲倦的旅人醒过来，站着向前伸手说："安静下来。"风浪顿时止住如同起初一样。忽然，第二棵树明白过来，它正承载着天地的君王。

星期五早上，第三棵树惊讶地发现它竟从被遗忘的木材堆中拉出来。它被带到一群愤怒的人群面前，它感到畏缩。当他们把一个男人钉在它上面时，它更是颤抖不已。

它感到丑陋、严酷、残忍。但在星期天早晨，当太阳升起，大地在它之

下欢喜震动时，第三棵树知道神的爱改变了一切。

神的爱使第一棵树美丽。

神的爱使第二棵树坚强。

每当人们想到第三棵树时，他们便想到神。

这样比成为世上最高大的树更好。

（佚名）

修鞋老人的担保

> 用爱的方式去感化一个人，要远比用残酷的惩罚方式去对待犯错的人，要有用得多。

在美国的波士顿住着一位老人，一生靠修鞋维持生活。他的修鞋摊就安置在法院门外的大街上。每当法院开庭，他总是收起鞋摊，随着人流进入法院，旁听各种案件的审判。

一天早晨，一个衣衫褴褛、满脸悔意的年轻人被带进了法院。凭修鞋老人多年观察犯人的经验，这个青年又是一个因在公共场所酗酒闹事而被控告的。那时候，在当地的法律中，"酗酒闹事"只是一种轻微的罪行，只需被告人委托别人交一小笔保释金，便可判一年"监外守行为"。

老人看着眼前这个脸上充满悔意、惶恐的青年，心中顿时升起一股恻隐之情。他敢肯定这个青年是个穷苦人家的孩子，很难拿出保释金。

所以，开庭时，老人从容地走向法官，表示自己愿做被告人的担保人，保释青年出去。老人的古道热肠和青年的悔意，深深打动了法官。他随即灵机一动，同意鞋匠的请求，下令延期三周审判。

三周后，老人陪同被告人返回法庭。老人向法官呈上一页报告——以上帝的名义发誓作证，这个青年三周来滴酒不沾，一直勤劳工作，照料祖父，空余时间还去做义工。报告上还有青年所在街区的警察和教堂牧师的签名。

法官一见大喜，当场宣布释放了青年，并象征性地对他罚款一美分。从此，这个青年变成了一个终生戒酒、守法勤劳的好公民。

此后的17年，修鞋老人共为2000多人担保，他的爱心改变了2000多人一生的命运。

老人的善举同时也影响了美国的司法制度的文明进程，以至于后来麻省正式通过一项法律，专门成立了一个"缓刑司"机构，实施"仁心仁术"的新刑事司法制度。

这位修鞋老人就是100多年前被美国载入法律史册，被誉为"缓刑之父"的约翰·奥古斯都。他给后人的影响不逊于美国的任何一任总。

（佚名）

微　笑

是的，微笑是最能打动人心、最质朴自然的交往之道。

在美国，安东尼·圣艾修伯里的《小王子》，几乎家喻户晓。小孩子觉得那是个神奇的童话，成年人则认为那是个哲理故事，发人深思。至于圣艾修伯里的其他作品和故事，却很少有人知道。

圣艾修伯里是名飞行员，参加过反纳粹战争，在执行任务时不幸身亡。二战前，他参加了西班牙内战，抗击法西斯。以此为素材，他写了篇感人至深的《微笑》。现在，我们就来回味这个故事。故事是否真实，无从考证，但我还是宁愿相信那是作者的亲身所历。

作者说，他被俘关进了监狱。从看守那轻蔑的眼神和恶劣的态度，他肯定自己明天就会命丧九泉。以下我将用自己的话来讲述这个故事。

"明天便是我的末日，一想到这儿，我就恐惧慌乱、狂躁不安起来。我翻遍所有的口袋，终于找到了一支烟。我的手颤抖着，好不容易才把它放到嘴里。但没有火柴，全被他们搜走了。

"透过铁栏，我看见外面的警卫。他并未注意到我在看他，毕竟，我只是他们眼里的一件'物品'、一具'尸体'。我冲他喊道：'能借我个火吗？'他看着我。耸了耸肩，走过来点燃我的香烟。

"他靠近我，给我点火。无意间，他扫了我一眼，不知怎的，我笑了起来。也许是紧张，也许是人与人近距离接触时，很容易就向对方微笑。不管出于何种原因，那一瞬，我笑了。这笑，犹如一颗跳跃的火花，打破了心灵的隔膜，拉近了两个人的灵魂。我知道那并非他本意，但我的微笑好像穿越了铁栏，感染了他，他竟然也笑了。他帮我点燃了香烟，并未立刻离开，而是注视着我，依旧笑着。

"我也笑着，仿佛他是我的朋友，而非看守。他的神色也似乎柔和了许多，'你有小孩吗？'他问道。

"'有，有，你看。'说着，我摸出皮夹，哆哆嗦嗦地掏出了家人的照片。他也拿出家人的照片，并开始讲述他的计划和梦想。我的眼里噙满了泪水。我说，我恐怕以后再也见不到家人，无法看着孩子长大成人了。听到这些，他也流下了泪水。

"突然，他打开牢门，悄悄地把我带出监狱，来到后面的小路上，出了镇，在镇的边沿一带放了我，然后转身离去。

"是微笑拯救了我。"

在这里，我之所以讲述这个故事，是希望人们能认识到：为了维护尊严、头衔、身份、地位和形象，我们建立了层层保护屏障，以此来掩饰自己。在这些掩饰之下，人人都有一个诚挚的真我，姑且就叫它灵魂吧。遗憾的是，生活中，人人精心构建的保护膜分离和孤立着彼此，让我们远离与人坦诚相对的机会。圣艾修伯里的故事，讲述了那个神奇的瞬间——那个人与人之间心际相通的时刻。

那个神奇的瞬间，我也经历过，比如坠入情网，还有，看着婴儿的脸。为何我们看到婴儿就会绽放笑容？或许就是那不设防的心，那纯真的笑，顷刻之间打破了我们的心理防线。

第二辑　感恩生活

　　感恩是一项重要的处世哲学，是生活的大智慧。人生在世，不可能事事顺通。对于各种失败和不幸，我们要豁达大度，勇敢地面对，并想办法解决。面对困难，我们是懊恼抱怨，沮丧气馁，陷入绝望，还是对生活满怀感恩之心，跌倒后再爬起来呢？

从亚平宁到安第斯

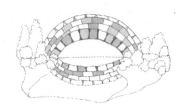

> 如果有什么爱的付出是经得起推敲的，就是母子之爱；如果有什么耕耘是一定会有收获的，那就是母亲日复一日的培养换来的孩子的成长

多年前，有一个13岁的热那亚少年，一个工人家庭的儿子，独自从热那亚到南美洲去找寻母亲。

这少年的父亲因工厂倒闭，长期失业，陷于贫困，负债累累。他的母亲不堪这样辛苦生活，便下决心到南美洲阿根廷共和国首都布宜诺思艾利斯一位富人家里做女佣。原来，早有许多意大利妇女到南美洲做佣工，那里的工资较高，要不了几年，便可赚得几千里拉回来的。这位穷苦的母亲别了丈夫，别了18岁和11岁的两个儿子，流着辛酸的眼泪，抱着热诚的希望，为了一家生计勇敢地到异国去了。

那妇人顺利地到了布宜诺思艾利斯以后，找到了她丈夫的堂兄，他已在那里经商多年。由他介绍，到该市美贵涅兹工程师家里当女佣，工资不薄，主人待她也很亲切，她便安心做下去了。开始时约定：家里去的信，寄到堂兄那里转交；妇人的回信，也由堂兄转寄。妇人将每月80里拉工资，隔三个月寄回家里一次。她的丈夫虽然失业，但很看重名誉，把这钱逐步偿还债务，一面自己领着两个孩子劳动，忍耐着一切困苦，等候着妻子尽快回国。自从妻子出国以后，家里冷冷清清，再不闻欢声笑语。小儿子尤其想念母亲，母亲的长期离家使他无法忍受。

不觉一年过去了。妇人自从来过一封说身体不大好的短信以后，就一直没有消息。写信到堂兄那里去问了两次，也没有回音。再直接写信到那雇主家里去，也得不到回复。——这是因为姓名地址拼写错了，没有寄到。全家

怕有什么意外，于是写信给意大利驻布宜诺思艾利斯大使馆查询。过了三个月，大使馆复信说，报纸广告都登过了，没有回应。或者是那妇人以做人家的女佣为耻，故意隐姓埋名了吧。

又过了几个月，还是没有消息，父子三个非常忧虑，小儿子尤其想念得厉害。怎么办呢？找谁帮助呢？父亲想亲自去美洲寻妻，但又有谁来照顾两个孩子呢？大儿子似乎是可以去的，但他已能赚得一些工资帮补家庭。三人每天讨论来，讨论去，都找不到适当的办法。有一天，小儿子马尔科下了决心，对父亲说："我到美洲找母亲去！"

父亲听了，一句话不说，只是摇头。在父亲看来，这想法虽好，但他毕竟还只有 13 岁，漂洋过海一个月，这是万万不能放心的。但是，小马尔科意志很坚决，每天谈起来，总是坚持到底，用很冷峻的神态，述说种种可以去的理由，竟像成年人一样考虑得很周到。

"别人不也去了吗？比我还小的人去的也很多呢！只要上了船，船就会把我载到那里去。一到了那里，我就按地址去找堂叔。那里意大利人很多，一问就知道。找到了堂叔，不就可以找到母亲了吗？如果连堂叔都找不到，我就去找大使馆，请他们协助我找到那个阿根廷家庭。如果暂时找不到，路费又用完了，我就先在那里找一份工作，至少回国的路费总该可以挣到的吧？"

父亲听了他的话，渐渐被他说动心了。他也知道这个儿子平时遇事有判断力，又很勇敢，而且也是在艰难困苦中长大的，这次出去找母亲，必然会拿出比平时更大的勇气和智慧来。恰巧父亲有一个熟识的朋友在做船长，听到他这个计划，便答应给马尔科一张免费到阿根廷去的三等舱船票。

经过一番踌躇之后，父亲终于同意了。父亲把家里仅有的几个银克朗给他做路费，替他收拾了衣服，又给了他堂兄的地址。在 4 月中旬天气很好的一个傍晚，父亲偕同大儿子一起送马尔科上船。父亲在吊桥上含着眼泪和小儿子做临别的吻。

"马尔科！去吧！祝你一路顺风。拿出勇气来，因为这是你一次神圣的旅行，上帝必将助你！"

可怜的马尔科！他虽已下了决心，不怕任何风险，但眼见故乡美丽的山峦房屋，渐渐消失在海平线上，四面是汪洋大海，同船的都是到国外打工的农民，没有一个熟人，自己身边只有一只小小的行李包，他不禁悲愁起来。在船上的最初两天中，他只是蹲在甲板上，暗自垂泪，吃什么都没有滋味，心里浮起各种各样的忧虑，其中最可悲可怕的是，万一母亲死了怎么办？这忧虑一直纠缠着他。有时在朦胧中，眼前出现一个素不相识的人，怜悯地注视着他，在他耳旁低声地说："你母亲已经死了！"他猛然惊醒，原来是一场梦，于是把正要哭出来的声音忍住。

船过直布罗陀海峡，便到了大西洋。此时，马尔科的精神才稍为振作了一下。可是，这只是非常短暂的间歇，茫茫洋面上，除了水天以外，什么都看不到。天气慢慢热了起来，看着坐在周围出国劳工那种可怜的样子，想起自己孤独的情形，他心里笼罩着重重阴霾。一天接着一天，什么事都不能做，好像床上的病人一样无聊地打发着日子，真是度日如年。每天早上张开眼睛，一想起自己此刻是在大西洋上前往美洲途中，便暗自惊讶。甲板上时时落下美丽的飞鱼，回归线上绚丽的落日连同那庄严的血焰似的霞光，还有黑夜中随波翻腾的磷光，竟像火山熔岩在奔流。这些都像是在梦中一样，丝毫也不像是真的。

遇到风暴的日子，人们整天躲在船舱里。船随着巨浪上下颠簸，舱里的器皿摇荡翻滚，人们在呕吐哭喊，就像世界末日到来一样。当风暴过去，寂静的海面转成黄色，天气又闷热得难以忍受。昏昏沉沉的旅客，好像死了一样横七竖八躺在甲板上，不知道什么时候才能度过这场苦难，满眼只见大连水，水连天，昨天，今天，明天，都是这样无穷无尽地过下去。

马尔科经常倚着船舷几小时几小时地茫然看着海水，一面想着母亲，往往不知不觉闭眼入梦，总是梦见那个陌生人怜悯地注视着他，在他耳旁低声地说："你母亲已经死了！"他一惊，醒了过来，仍然望着轮船前进方向的海平面，想着在那边的母亲。

轮船一直行驶了26天，这一天，天气很好，凉风微微地吹拂着。马尔科和一个同船的老人熟识了，这老人是隆巴尔第老乡，是到阿根廷罗萨里奥市近郊看望在那里从事种植业的儿子的。马尔科和他谈起此行的目的，老人很是同情，给以安慰，抚着马尔科的头说："不要紧，快到了！你很快就会看到你母亲的。"

马尔科得到老人善意的安慰，悲伤的预感已转化为信心了。美丽的星月夜，一群农民在甲板上唱歌。他在老人旁边坐着，老人悠闲地吸着烟斗。他的思绪随着那袅袅轻烟，好像已经到了布宜诺思艾利斯，自己在街上逐家找去，果然找到了堂叔的铺子。见到堂叔就问："我母亲怎样？""你母亲很好，我们就去找她吧！"两人就走到一个花园洋房，主人开了门——每次想到这里就戛然而止，心中充满了难以形容的安慰。他暗自拿出脖子上的奖牌吻着，一面默默地祈祷。

到了第27天，轮船终于在布宜诺思艾利斯拉普拉塔河岸下锚了。那是5月中阳光明媚的早晨，抵埠后有这样的好天气，看来运气不错。马尔科又高兴，又着急：母亲就在这个城市，几小时后便可见面，现在他是在美洲，在新大陆，是自己一个人来的！真像是一场梦！回想这漫长的旅程，虽然惊涛骇浪，九死一生，也好像只有一瞬间似的。上船时为防失窃，他把钱分作两份藏着，今天查查口袋，其中一份不知在什么地方丢失了，大概是被小偷摸走了。毕竟到达目的地了，虽然只剩几个里拉，但很快就能见到母亲了，怕什么呢？

马尔科提着包袱，随着大批旅客下了轮船，上了拖船，渡到了不远的安德列·多利亚码头登岸。他和隆巳尔第老人告别后，就大步向市里走去。到了市里，向行人打听罗斯·阿尔迪斯街的所在，那人恰好是意大利来的工人，向马尔科打量了一会，问他能不能拼读，马尔科回答说"能"。那工人指着自己刚才走过的那条街说。

"你从这条街一直过去，转弯的地方都有街名，一一读过，就能找到你要去的地方了！"

马尔科道了谢，依他指的方向走去。笔直而狭窄的街道两旁，都是低矮的白色房子，好像小别墅。街上车辆行人很多，两轮马车发出很大的噪音。街上随处飘着船期广告的大旗和横幅，每走儿十米就有一个十字街口，左右都是笔直的马路，两旁也都是低矮的白色房子。再望过去，就是海一样的美洲平原。这都市竟像没有尽头，一整天甚至一星期也走不完，一直扩展到整个美洲似的。他按街区的名字一一仔细读过去，有的很陌生难读。每到一条街口他都会心跳，以为这就是他要找的。凡是碰见女人都注意看看，也许就是母亲呢。有一位走在前面的女人，背影很像母亲，他不觉心跳血沸起来，追上去一看，却又是个黑人。马尔科急急地走着，到了一个街区转弯处，看了街名一再拼读，原来真是罗斯·阿尔迪斯街了。第一家商店是117号，而堂叔的店是175号。他想："妈妈呀！妈妈！你真的在这里，一会儿就能见到你了。"好容易才到了一家小杂货铺前面，正是它，175号。进了门，里面出来一个戴眼镜的白发老妇。

"孩子，你要买什么？"她用西班牙语问。

马尔科急得几乎说不出话来，舒了一口气才问道："这是弗兰西斯科·梅尔里叔叔的店吗？"

"弗兰西斯科·梅尔里已经死了呵！"老妇人改用意大利语回答。

"几时死的？"马尔科听了，好像胸前被人打了一记重拳。

"大约有几个月了吧！他因生意不好，离开了这里，到很远的布兰长港去了。听说才到那里就死了，这店铺现在是归我开的了。"

少年的脸色倏地苍白了，着急地说："我找弗兰西斯科，是因为只有他才知道我母亲的所在。我母亲在美贵涅兹先生家里做工，我是从意大利来找母亲的。平时通信都是托弗兰西斯科转交的。"

"可怜的孩子！我可以替你问问一个住在附近的小孩，他和替弗兰西斯科打工送货的青年相识，他也许会告诉你一些消息吧！"

说着，老妇人就到店旁拐角处叫了那个小孩来。

"告诉我，你还记得梅尔里店里做工的青年吗？他不是常给他同乡家里做工的女人送信的吗？"

"就是那美贵涅兹先生那里，他有时去送信的，就在这条街的尽头。"

马尔科又高兴又感激地说："呵！谢谢你啦！你知道吗？告诉我是几号？请领我去吧，小朋友，我会报答你的。"

因为马尔科太迫切了，那孩子也不等老妇人的答话，就说："我们去吧！"

他们两人跑也似的快步走到长街的尽头，到了一所白色房子华美的铁门前，从花格缝里望见里面是一个花木扶疏的小庭院。马尔科按铃，一个年轻夫人从屋里出来。

"请问美贵涅兹的家在这里吗？"马尔科问。

"他吗？以前是住在这里的，现在这里归杰巴罗斯家住了。"夫人用带有西班牙语调的意大利语回答。

"那么，美贵涅兹先生到哪里去了？"马尔科急切地问，他的心狂跳着。

"到科尔多瓦去了！"

"科尔多瓦？科尔多瓦在什么地方？连他家里的女佣人也一起去了吗？我的母亲，在他们家做女佣的，也一起去了吗？"

夫人看了他一眼说："我不知道，也许我父亲知道的，请稍候。"说完，进去请了一位高瘦的灰白胡须的绅士出来。绅士打量了这金发尖鼻的热那亚水手型少年，用不纯粹的意大利语问：

"你母亲是热那亚人吗？"

"是的。"

"那就是她了。她已跟着美贵涅兹先生一家去了。"

"到什么地方？"

"科尔多瓦市。"

马尔科叹了一口气，无可奈何地说：

"那么，我就到科尔多瓦市去。"

"哦！可怜的孩子！到那里去有好几百里的路程呢！"绅士同情地对马尔科说。

马尔科听了，脸色顿时苍白起来，他急忙扶住铁门。

绅士同情他，开了铁门说："请先进来吧，让我想想办法。"

马尔科跟绅士进了屋。绅士让他坐下，详细地问了一切，然后问他：

"你身上带了钱没有？"

"还有一些。"

绅士又考虑了一会，就在桌上写了一封信，封好交给马尔科说："你听着，意大利小朋友！你带着这封信到勃卡去，勃卡是个小镇，两小时就可以

走到，那里有一半是热那亚人。到了那里，就找这信封上所写的绅士，那里谁都知道他的，明天他就会送你到罗萨里奥去。然后，他再托人设法使你到科尔多瓦。只要到了科尔多瓦，就能找到美贵涅兹和你母亲了。把这点钱拿着。"说完就把一些钱币交给马尔科，站起身来说："去吧！拿出勇气来！到了外国，许多本国人都会帮助你的。祝你顺利，再见！"

马尔科不知怎样道谢才好，只匆匆地说了一声"谢谢"，鞠个躬就出来了。他和领他来的小朋友告别，就慢慢的向勃卡走去，心里很是诧异。

直到这天晚上为止，一天的遭遇，就像热症病人的梦魇一样混乱地在脑海里闪现。他非常疲倦，非常忧虑，非常失望。晚上睡在一个小旅馆里，和操着多种方言的码头脚夫一起过了一夜。第二天，他在原木堆上坐等了差不多一整天，看许多大小船只驶来驶去，眼睛都花了。晚上，登上一艘满载水果货物的大木船开往罗萨里奥，这船由三个热那亚水手驾驶。他们三人被晒得古铜一般黑。听到他们熟悉的乡音，马尔科高悬着的心才舒缓了一些。

航程要三天四晚，对于这小旅客来说，又是一番惊奇的旅程。那波澜壮阔的巴拉那河，自己国内的所谓大河波河和它相比，只不过是一条小沟渠罢了，就是把意大利的长度放大4倍，还没有这条河长呢！

船日夜逆流慢慢行驶，有时绕过长长的岛屿。这些岛屿以前曾是毒蛇猛兽的巢穴，现在已经长满橘树和杨柳，好像浮在水上的园林。有时船穿过狭窄的运河，运河是那样长，以致使人觉得它像是永远没有尽头似的。有时驶过宽阔的一平如镜的湖面，不多时，又绕过丛林错杂的岛屿，在一段长长的航行时间内，都只看见广漠的毫无人烟的陆地和水面，四处寂然无声，可怜的小船好像进入一个陌生的新世界在做它的第一次探险。

木船愈是深入，四周愈是神秘莫测，愈使他心惊胆战。马尔科想象，母亲就在这河的上头，哪年哪月才能到达呵！他和水手每天只吃两顿小面包和腌肉。水手们好像知道他的忧愁，都不和他说话。晚上睡在舱板上，每次从梦中醒来，青白的月光照得远远近近一片银色，使他害怕得心都沉下去了。他重复念着"科尔多瓦，科尔多瓦"，这不可思议的名字好像只在寓言里读到过。他又想："母亲也曾经过这里吧，她也曾见过这些岛屿和河岸吧！"

想到这里，就觉得这一带景物都映照着母亲的圣光，寂寞和恐怖便减少许多。那天晚上，一个水手唱起热那亚的民歌，使他想起小时候母亲在他床前唱的催眠曲，最后那晚，水手们又唱起来，他听着听着就哭了，水手们停下来说："拿出勇气来，我的孩子！你怎么啦？热那亚人就因为远离家乡而哭？热那亚人应该英勇地一往无前环游世界呵！"

他听了这话，激动得热血沸腾，那是热那亚男儿的血！他抬起头来，用拳击着船舷，自己对自己说。"是的！无论绕地球多少遍，多少年我也不怕！就是徒步几百里也不要紧。我只要找到母亲，只要看见她，就是倒毙在她脚下也心甘！就是这样！奋勇前进吧！"

他怀着这样的决心，于黎明时到达罗萨里奥市。那是一个寒冷的早晨，东方朝阳发出灿烂的霞光。城市在很高的巴拉那河岸上，港口碇泊着上百艘挂着各国旗帜的船只，旗影在激滟的波光中飘动。

他上了岸，提着行囊，拿着介绍信去找勃卡绅士给他介绍的当地绅士。进了市区，他又觉得这个地方仿佛以前曾经到过，到处都是笔直的望不到头的街路，两旁鳞次栉比地排列着低矮的白色房屋，屋顶上挂着密如蛛网的电线，人马车辆横冲直撞，和布宜诺思艾利斯一样。在街上转了几个弯，游荡了差不多一小时，好像仍在原处。他低声下气向行人问了几次路，总算找到了绅士的住所。

一按门铃，屋里出来一个高大的头发梳得很亮的满脸横肉的男人，像个管家，用外国语调粗鲁地问他："你要干什么？"

听马尔科说要见主人，那人便说："主人不在家，昨天和家人一起到布宜诺思艾利斯去了。"

马尔科一时不知说什么好，便把带来的介绍名片交给他说："我一个人初到此处，没有别的熟人，麻烦你通报一下。"

那人瞟了一下名片，有气一样地说："我不晓得该怎样对你说。主人过一个月才回来，到时我替你交给他吧！"

"但是，我孤身一人，一定要找到他。"马尔科向他恳求说。

那汉子说："哼，又来了！你们国家有许多像你这样的人在罗萨里奥。

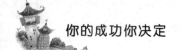

快走，要行乞到你们意大利去！"说罢，冲着马尔科的脸把门关上了。

马尔科怔住了，石头似的在门口站着。没有办法，只好提着包袱走开，两脚像千斤般的重，心乱如麻，种种忧虑涌上心头。怎么办呢？从罗萨里奥到科尔多瓦要坐整一天火车，而身边只剩几个钱，除掉今天的花费简直就没有钱了。怎样去张罗这笔路费呢？如果工作，又向谁去请求工作呢？求人布施吗？不！死也不愿意刚才那样被人轻视驱逐。他一面想，一面望着那茫无尽头的街道，再也走不动了，便把包袱放在一边，倚着墙根坐下，两手捧着脑袋，真是绝望了！

路上来往的行人有时碰着他，车辆隆隆通过，有些小孩站在旁边看他，他也顾不得了。忽然有人用隆巴尔第土音问他："小朋友，你怎么了？"

他蓦地抬头一看，不觉跳起来惊呼："你在这里！"

原来就是轮船上结识的隆巴尔第老人。他拉住老人的双手，把最近的遭遇说了，最后说："我连一个铜币都没有了，非找工作不可，你能帮我找吗？无论什么我都愿意做，清垃圾、扫街道、餐馆杂役，甚至到乡下去，都可以。只要有块黑面包充饥，得到一笔路费去找母亲，什么都愿意做。看在上帝的面上，我实在没有别的办法了。"

老人皱皱眉头，摸摸下巴说："这可为难了，你的遭遇实在太惨了，工作也不是那么容易找的，我知道这里有不少本国来的工人，30个里拉的车费还是找得到的。"

马尔科望着他，心里浮起一线希望。

"跟我来吧！"老人说，马尔科提起包袱跟着。他俩默默地走过一条很长的街道，到了一间小旅馆门前，老人停下来。只见旅馆招牌上有一颗银星，写着"意大利之星"。老人向里面张望了一下，回头对马尔科高兴地说："来得正好！"

店堂大厅里几张桌子周围，坐着一些人在那里喝酒聊天。隆巴尔第老人走到第一张桌子前，向围坐着的客人打招呼，他也是不久前才和他们认识的。

老人没有客套，站在那里，把马尔科介绍给他们："诸位！这孩子是我们的同乡，为了找寻母亲，花了一个多月的时间，一个人从故乡来到布宜诺思艾利斯。到了那里，才知道母亲去了科尔多瓦，凭人介绍，坐了三天四夜的货船到了这里。不料，他拿着介绍人的名片去找，要找的人又去了首都。他被看门人逐出，现在可说是举目无亲，身无分文。他是个有志气的孩子，让我们想个办法。只要有到科尔多瓦的车费，他找到母亲就好了。"

坐在桌旁的六个客人用拳头擂着桌子说："天啊！这是从来没有听过的事呵！是我们的同乡呀！小朋友，坐下来。我们都是意侨，多么漂亮的小家伙呀！他一个人真有胆量。伙计们，大家拿出钱来帮助他！"

"无论怎样也要帮助你找到母亲，别怕！"有人捏一下他的脸，有人拍拍他的肩，替他拿起包袱。

坐在另几张桌子的人听了也走过来相问。马尔科的事迹传遍整个旅馆。从隔壁又来了三个阿根廷人。隆巴尔第老人摘下帽子放在桌上，不到10分钟就凑了42个里拉。老人说："你看！在美洲这事很快就解决了！"

一个客人倒了一杯酒送给马尔科说："小朋友，请干了这一杯！祝你好运，祝你母亲健康！"

客人一齐举起杯来，马尔科也举起杯说："谢谢大家！谢谢！祝各位好运！祝我母亲健康！"

说到这里，眼泪实在忍不住了，他放下酒杯，去拥抱老人，老人也紧紧地拥抱他。

第二天一早，马尔科就搭上去科尔多瓦的火车，心里又燃烧起无限的勇气和希望。可是，荒凉的南美洲平原却没有什么令人愉快的景观，天气沉闷阴暗，火车好像一头病伤的牛在荒无人烟的茫茫原野上慢慢爬行，他惊异地发现，整个这么长的车厢中只有他一个旅客。左右瞭望，只有枝干扭曲的树木，狂怒地指着天空，使人觉得竟像在乱坟堆中独行那样恐怖。

他沉沉地小睡了一会儿，再看看车外，景物还是没有什么变化。车站荒寂，像隐士的居所。看不到多少上下车的旅客，车停在站上，寂然无声，好像每个站都是终点。就这样被遗弃在这蛮荒的原野之上了？车外冷风呼啸，寒意袭人。从热那亚乘船出发的时候，正是春末夏初，谁料到在南美洲会遇上严冬呢？马尔科只穿着夏天的衣服呵！

几小时以后，马尔科感到冷得不行了。这寒冷，加上几日来的疲倦，还有乡亲们激动人心的帮助，使他几个晚上不能安睡。现在，他矇眬地睡去了。睡了很久，醒来觉得全身麻木，他感到是病了，无端的恐惧向他袭来，在旅途中病了可不得了，万一死了，自己的尸体不是要被扔到荒原上给猛禽野狗撕为碎块吃了吗？以前曾见过路旁牛马的尸骸，觉得惨不忍睹，现在可能轮到自己了。他一个人孤寂地胡思乱想，使他只见到前途黑暗悲观的一面。

到了科尔多瓦就能见到母亲吗？如果母亲不在科尔多瓦，如果阿尔迪斯大街的绅士搞错了地方，又该怎样？万一母亲死了，又怎么办？他这样默想着，又沉沉睡去了。马尔科梦见自己到了科尔多瓦，那是夜间，逐户按铃问去，每家的门窗后面都传出"你母亲不在这里"、"你母亲不在这里"的回答。

他霍然惊醒，只见车厢那头来了三个披着斗篷、满脸胡须的人，望着他，低声地说着什么。他下意识地觉得那是一伙强盗，是要杀他抢他的包袱的。这样的怀疑像电光那样在脑海中一闪，加上精神不好，又饿又冷，使他的想象颠倒了，神经紊乱了。那三个人还是目不转睛地看着他，其中一个竟冲着他走过来。他恐惧得几乎要疯了，张开两臂站起来叫道："我没有财物，我是个穷孩子，是独自从意大利来找母亲的，请放过我吧！"

那三个旅客很快就明白了他的意思。他们可怜他，安慰他，向他说了很多他听不懂的话。他们见马尔科冷得牙齿打战，便脱下斗篷给他盖上，马尔科才坐下来安然睡去。等到天将黑下来，那三个旅客叫醒他时，火车已到达科尔多瓦了。

他长长地吁了一口气，急忙下车，向一个铁路职员打听美贵涅兹工程师的地址。职员告诉他在一座教堂的附近，他便急急赶去。

天已全黑了。走入市内，市街和罗萨里奥差不多，还是笔直的交叉的街道，白色的小屋，但车马行人却少多了，在绿色的灯光下，只见一些怪异的面影。虽然这里又黑又静，但经过漫长的荒原以后，还是觉得这地方有了一丝活气。路上正好遇见一位神父，告诉他教堂旁边的人家。他到了那人家门口，用颤抖的手按铃，一手按住那快要跳出喉咙的心。

一个老妇拿着煤油灯出来开门，马尔科说不出话来。

"你找谁?"老妇用西班牙语问。

"美贵涅兹工程师。"

老妇两手抱胸,摇头说:"你也是找美贵涅兹工程师的吗?我再也不想听到这样的问话了。这三个月来,他在报上登了广告不够,我也在那墙上贴过告示,还是费了我不知多少唇舌。他早已迁到图库曼去了!"

马尔科的痛苦真要像火山那样爆发出来,他真的有点绝望了。

"天啊!有谁在诅咒我呀!我找不到母亲,快要倒在路旁死了,快发疯自杀了。老奶奶,你告诉我那是什么地方,离这里有多少路?"

老妇人怜悯地回答说:"呵!可怜的孩子,少说也有四五百里呢!"

"那么,我该怎么办呢?"马尔科蒙着脸哭了起来。

"叫我怎样给你想办法好呢?可怜的孩子,我不知道。"但她又马上补充说:

"你听着,我想到一个法子了,你看怎样。朝着这条街右转弯,第三栋房子前面有一块空地,那里有一个叫'头头'的商贩,他的牛车队明天就要运货到图库曼去。你可以给他干点活,也许他会给你一个位置的。马上去吧!"

马尔科向老妇人道了谢,就提着包袱走到那空地。场上亮着许多灯火,许多人正把一袋袋谷物装上高大的牛车车厢。一个留着络腮胡子的大汉,披着黑白格子斗篷,穿着长统马靴,正在指挥着。

马尔科走上前去,就把自己怎样从意大利来找母亲的经过和请求搭乘牛车的希望说了。

"头头"上下打量了一下马尔科,冷冷地说:"没有空位。"

马尔科哀求地说:"我这里只剩15个里拉,都交给你,一路上我帮你喂牲口,取水,做我所能做的一切,你每天只给我一点面包好了。请给我一个空位吧,先生!"

"头头"再审视了他一会,口气稍为缓和说:"实在没有空位了。而且,我们不是到图库曼,而是到圣地亚哥·德·埃斯特罗去的,你必须中途下车,再步行很远的路呢。"

"不要紧,到了那里我能走,我自会设法到图库曼去。请你看在上帝的份

上给我一个空位。我恳求你，不要把我丢下。"

"注意，要坐 20 天车呢！"

"不要紧！"

"路上很艰苦呵！"

"无论怎样苦我都愿意！"

"分路的时候，要一个人步行的呢！"

"只要能找到母亲，我什么都能忍受。"

"头头"移过灯来仔细看了他一会儿说："可以！"马尔科高兴得捧着"头头"的手背吻了一下。

"你今晚就睡在这辆货车上，明天 4 点钟动身，我会叫醒你的。晚安！"

第二天早晨 4 点钟，长长的牛车队在晨曦中嘈杂地出发了，每辆车用六头牛拖，后面跟着一群供替换的牛。

马尔科坐在一辆车的麦袋上，很快又沉入梦乡，醒来已是日照中天。车队停在一个四无人烟的地方，车夫烧起篝火，围坐在火旁烤牛肉吃。一行人吃了午餐，小睡一会儿，又继续进发。一天天周而复始，像行军一样，每天 5 点起步，9 点暂歇，下午 5 点再走，晚上 10 点休息。车夫在车上手执长鞭赶着牛群前进，马尔科帮他们喂牲口，烧火烤肉，汲饮水，擦油灯。

南美大地的风光，海市蜃楼似的在他面前一幕幕地展开。有时看见褐色的树林、红色的雉堞围绕着分散的村落。有时经过一望无际的亮晶晶的盐滩，可能是古代盐湖的遗迹。到处都是寂寥荒漠的原野，偶然有几个彪悍的大汉骑着烈马，带着马群，飞驰而过。一天天地走着，好像海上航行那样寂寞而令人疲倦。好在天气晴朗，车队的行进还算顺利。

可是，不知道为什么，那些车夫对待马尔科渐渐严酷起来了。对他凶狠、威吓、强迫他为他们做事，要他搬沉重的草料，到很远的河边取水，简直把他当奴隶看待。马尔科坐在车上，身体随着车辆的摆动而颠簸，车轮和木轴的响声震得人耳聋，虽然很疲劳，晚上还是睡不着。草原上的干风不断卷来带有石油味的红色尘土，眼睛睁不开，呼吸也很困难，真是痛苦不堪。

因为过劳和睡眠不足，吃东西又不习惯，马尔科的身体虚弱得像棉花一

样。多日没有洗澡，满身都是灰尘，早晚还要受车夫们的叱骂和虐待。如果没有"头头"看在 15 个银里拉的份上，有时给他一点庇护的话，也许他的勇气和力气早就消失了。他躲在车角落里，背着人掩面流泪。每天起来，自觉身体比昨日更差，更没有精神，举目四望，那无边无际的原野，就像泥土的海洋，不知什么地方才是尽头。"呵！恐怕不能挨过今天晚上了，今天就要死在路上了！"他自己心里总是浮起这种绝望的思绪。

那班人要他做更重的工作，他愈觉有病了。一天早上，一个车夫趁"头头"没注意，竟打了他一顿，说他汲水迟到了。后来，他们就轮流给他下命令，用脚踢他，骂道："你得挨这一脚，你这小流氓，这一脚给你妈带去！"他的心碎了，终于病倒了。一连三天发热，盖着被子躺着。除了"头头"有时递些水给他，摸摸脉搏以外，没有谁来看顾过他。他以为自己必死无疑，反复叫着："妈妈！妈妈呀！快来救救我吧！我快不行了，不能见到你了。妈妈！快来呀！"边说边在胸前划着十字祈祷。幸好"头头"随身带着什么丸药给他吃了，热度渐退，居然又能起来活动了。

可是，病好了，这旅行中最艰难的时刻也到来了。车队走走停停花了两个多星期，现在已到了去图库曼和圣地亚哥·德·埃斯特罗的三岔路口。"头头"要他下车，教他怎样走，替他把包袱缚在肩上，使他走路轻便些。马尔科吻了"头头"的手，又向那些虐待过他的车夫们告别，这原是不情愿的，但也不得不这样了。马尔科目送车队走上另一条路，在一片红尘后面消失了，才独自走上自己的旅程。

在荒凉无尽头的平原走了两个多星期以后，前面已呈现一片黛色的峰峦，山顶和阿尔卑斯山一样笼罩着白雪，好像又回到了故乡那样，给他一种亲切的安慰之感。原来这山是属于安第斯山脉，它纵贯南美大陆，东北从特立尼达岛绵延到接近南极的冰海，跨越 110 纬度；还有一件令他感到安慰的事是这里已进入亚热带，天气已经转暖。路上时有村落，可以在路旁小店里买点东西吃。有时还遇到马帮驰过。这里的妇女和小孩都坐在地上，肤色红黑，颧骨高耸，眼睛竖起，好像机器人那样慢慢转过头来看他，脸上毫无表情，那是印第安人。

步行的第二天，他尽力赶路，晚上便歇宿在大树底下。两三天以后，身体渐渐疲乏，鞋子也破了，脚底被砂石磨破流血，又因食物过于粗糙，有点胃疼。看看天色又晚，不觉害怕起来。在家乡时，常听人家说，南美多毒蛇猛兽，有时真的好像听到毒蛇爬行的声音，令人心寒骨冷，刚才慢下来的脚步不得不又加快起来。有时想起母亲，如果她知道我在这里受苦受难，将怎样难过呵！同时，他的勇气也添了几分。为了消除恐惧，为了增加精神力量，就把过去和母亲在一起时的往事从头数起。做婴儿的时候，偎在母亲怀里，听母亲说："伏在妈妈怀里睡觉吧！"很久很久，睡着了，母亲把被子盖在自己胸口。在热那亚码头上给母亲送行，母子难舍难分的情景，还历历在目。"妈妈！我能再见到你吗？我能走到你那里去吗？"他一面想，一面走在那从来没有见过的树林和甘蔗林边。前面是广阔的原野，蔚蓝的山峰耸立天际。四天过去了，五天过去了，一个星期过去了，脚底起泡、流血，两腿酸痛无力。最后一天傍晚，他向一个行人问路，那人指着前面说："快了！从这里到图库曼只有50里了！"

他听了不禁欢呼了一声，两腿似乎突然轻快起来。然而，这不过是一时的兴奋罢了。他终于精疲力尽，倒在一条小溪旁边，但他的心还是愉快地跳动着。他闭目休息了一会儿，睁眼一看，灿烂的群星在天空闪烁，他从来没有见过这样美丽的星空。他躺在草地上想，也许母亲这时正在想念着我呢！他轻声地说："妈妈！你在哪里？你现在正做着什么？你也在想念我吧？马尔科就在离你很近的地方了呀！"

可怜的马尔科！如果他知道母亲现在的情况，一定会像超人一样，拼命跑到母亲身边去！他的母亲现在正病着，躺在美贵涅兹一家住的邸宅的下房里。她因尽心尽力侍候主人一家，获得主人信任，美贵涅兹一家对她很好。当她随主人离开布宜诺思艾利斯时，已经有病了。到了科尔多瓦，虽然那里的空气清新，她的病也没有多少好转，而且堂兄和家里毫无消息，她好像预感到有什么不幸要降临到她头上，每天忧心忡忡，坐卧不安，她的病就愈来愈重，终致在内脏中长了癌肿，卧床服药半个月没有好转，非动手术不可。

当马尔科倒在路旁呼唤着母亲的时候，这边主人夫妇正在她病床前劝她接受医生的手术治疗，她总是哭泣，坚决不同意。一个从图库曼来的有名的外科医生已经在这里等候了一个多星期了。

"不！尊敬的先生和夫人，不要为我费心了，我患的是不治之症，与其在手术刀下死去，倒不如让我平静死去的好。而且，我家里久无音讯，肯定出了什么大事，让我还没有听到那不幸的消息以前就死去吧！"

主人夫妇反复劝她不要灰心，无论怎样也要把病治好，这也是为了拯救她的全家所必须做的。几个月前直接寄往热那亚的信，回信也该到了。但这些建议只是增加她的痛苦，因为她对家庭的担心，已不是一朝一夕，主人的说话只是更使她悲伤罢了。

"呵！我的儿子！我的儿子！"她叫喊着，绞扭着双手。"也许他们都活不长了，我还是死了好。先生，夫人！我衷心感谢你们！我肯定挨不过这一手术，医生明天再来也是无用的。我希望死，我命当死在这里，我已经下了决心！"

他们还是安慰她说："不要这样说。"抓着她的手恳求她接受手术。

她疲乏地闭上眼睛，昏昏睡去，好像要死一样。主人夫妇在微弱的烛光下看见她这个样子，想起她往日勤苦工作，积劳成疾，想起她当初为了救济家庭，孤身出国，省吃俭用，把每一个铜市都寄回家去，而现在就要死在六千里外的异乡，这样正直善良，舍命为了丈夫和孩子的女人，真是伟大可敬。

马尔科在路旁软绵绵的草地上睡了一夜。第二天早晨，他背上包袱，弯着腰，跛着脚走进图库曼市。这城市是阿根廷城市中最年轻最繁荣的一个，放眼望去，好像又回到了科尔多瓦。罗萨里奥、布宜诺思艾利斯，仍旧是又直又长的街道，低矮的白色楼房，但到处都有参天的树木，芳香的花草，那湛蓝的天空、奇异的服饰使他觉得异常新鲜。在布宜诺思艾利斯体验过的那种狂喜的感觉又袭上心头。每走过一户人家，他总要往门窗里张望，看母亲是否就在里面，遇到女人，也要仰视一番。他想问问行人，又没有那样的勇气，人们都以异样的眼光看着这衣衫不整、满身尘垢。来自远方的少年。他想在这些人当中，找一个表情比较温和的人问一问。

正在思忖着，忽然看见前面一间旅馆，招牌上写着"佛罗伦萨旅店"几个熟悉的字。那不是意大利一个有名的城市的名字吗？

马尔科走到门口，柜台里站着一个戴眼镜的男人和两个女人。他进了店内，鼓起勇气问："请问，你们知道美贵涅兹先生家吗？"

"是那位工程师美贵涅兹吗？"

"正是！"马尔科低声说。

"美贵涅兹家不在图库曼哩！"店主人说。

"哇！"马尔科好像遇刺一样尖叫了一声，扑倒在地，店主人和附近的人都赶来把他扶起坐下，问是什么事。

马尔科慢慢睁开眼睛，流着泪，把来图库曼的目的简单地说了。

"那也用不着失望，美贵涅兹的家虽不在这里，但距离这里并不太远，几个钟头就可以到的。"

"什么地方？究竟在什么地方？"马尔科很快恢复了元气，急切地问。

"从这里沿河岸走15里，那个地方叫萨拉蒂罗。有一个很大的糖厂，厂旁有许多房屋，美贵涅兹就住在那里，谁都知道的，几个小时就可以走到。"

有一个闻声而来的青年说：

"上个月我还到过他家呢！"马尔科睁大眼睛，脸孔苍白，问道："你见到他家那个女佣吗？那个意大利人？"

"是那个热那亚女人吗？见到的。"

马尔科听到这句话，就像见到母亲一样，先就悲戚地哭起来，然后又好像知道自己失态似的笑了起来。接着就正色地问："请告诉我，往河岸怎样走？我要马上到那里去，快告诉我！"

人们都劝他说："有差不多一天的路程呢！你太疲倦了，在这里住一晚，明天再走吧。"

"不！不！我一分钟也不能再等待了！"

人们见马尔科已下定决心，便说："愿上帝保佑你一路平安，路上要经过一座树林，你可要小心呵！祝旅途愉快，小朋友！"

那个青年人陪他到了河边，指给他道路，告诉他种种注意事项，目送着他在通往树林的小路上消失了。

这天晚上，是病人最可怕的一晚。病人因患处剧痛，导致精神痛苦，时时忍不住大声喊叫，使人担心血管会不会因此破裂。主人焦急得团团打转，大家都怕等不到医生到来她便死去了。显然，最可怕的痛苦并不是来自她的肉体，而是来自她对遥远家庭的牵挂，使她憔悴、消瘦的也是这件事，她扯着头发喊叫说："我的上帝！我的上帝！就死在这里吧！就在还没有见到他们以前死去吧！我可怜的孩子们，他们快没有妈妈了，我可怜的亲人，可怜的小东西呀！我出来的时候，马尔科还小哩，只有那么一点高。他是好孩子，我上船的时候，他拼命抱住我不放，哭得很伤心，可能他下意识里知道我们母子从此不能再见了吧！可怜的马尔科！可怜的孩子！他们是这样地爱我，需要我，他们没有母亲，就会陷入不幸，沦为乞丐，向人伸手，也许会饿死。呵！我永恒的上帝！不！我不愿就此死去，快请医生给我动手术吧！让他剖开我的胸膛，我要活下去。快来救我吧！"

女主人和护士握着病人的手安慰她，又和她讲上帝和来世的希望，使她慢慢安静下来。但是，一会儿她又重新坠入死亡的痛苦中，扯着灰白的头发，像婴儿一样哀哭，喃喃地说："呵！我的热那亚，我的家！我的海！我的马尔科！他现在在哪里呀？我的亲人！"

现在是午夜。她那可怜的马尔科已经沿着河岸走了几个小时，正步入那片大森林。森林里的大树，又大又直，像教堂的门柱，枝叶亭亭如伞，月亮在高空洒下一片银光。阴沉沉的森林里，他看见无数巨人一样的树木，或直立，或倾斜，或扭曲，互相交错倾轧。有的像颓倒的塔，又被浓密的植物覆盖着。有些树木聚集成巨大的群落，好像枪刺那样直插云天。整个森林就好像一群狂暴的巨人，你死我活地寸土必争地抢夺着地盘。这真是植物界中庄严可怖的景观了。

这时，他已经从极度迷惘中恢复过来，他的心又飞向母亲。他已经疲乏不堪，拖着受伤的脚独自在这可怕的森林中行走。仅是在森林的隙地间看到构筑在树下的小茅屋，就像一堆蚁窝，间有水牛睡在路边。他虽然疲乏，神志还是清醒的，他虽然独行，还是有勇气的。壮美博大的森林使他的灵魂也崇高起来，想到亲爱的母亲近在咫尺，他就获得力量，变得刚强了。回想已经走过来的几千里路程，在汹涌的大海和荒无人烟的草原上所感受的恐怖、痛苦、饥饿和寒冷，以及自己在这些生死关头所表现出来的意志和决心，就觉得再艰险的旅途也能越过。他心中涌动着神圣坚强的热那亚人的血，鼓舞着他的乐观和勇气。一向在他心目中闪现的母亲的形象，此时好像已近在眼前，可以触摸到似的，母亲笑起来脸上的皱纹，眼神，嘴唇的动作，以及母亲衣服上的花纹和皱褶，都异常地清晰。他心里充满喜悦，精神振作，热泪纵横，大踏步朝前走去，在月光满铺的山径上，一边走一边和母亲说话："妈妈！看看我！我在这里，我们从此永远不再分离了，一起回家去吧！我将永远留在你身边，永不分离了！"

此时，不知不觉间，月亮的银光已在森林中消逝，而美丽的晨曦已经高高照临。

早上8时，一个年轻的阿根廷医生带着护士从图库曼来了。美贵涅兹先生和夫人用最温和的语言劝说她接受手术。但她觉得已经精疲力尽，定会死在手术台上，与其经受更剧烈的手术痛苦而死，倒不如就这样延续几小时的生命。医生反复劝她说："这手术是安全的，你要拿出勇气来，如果你拒绝手术，那就真的要死了。"

"不过，"她微声地说，"我有死的勇气，但我不能忍受这毫无意义的剧痛，请让我平静地死吧！"

医生也觉得毫无办法，不再说什么了，再也没有人进一步劝说了。她转过脸来，向女主人做最后的嘱托。她用极大的努力抑制住悲哀，说道："亲爱的夫人，请你把我的这点钱和行李转交给大使馆寄回家去。我希望我的一家平安，我心里有这个预感。请劳神写一封信给他们，说我天天想念他们，我曾为了家庭，为了孩子，付出了我的劳动，我的一切，我只是以不能再见他们一面为终生憾事。我虽然病成这样，还是每天为孩子们祈祷。请告诉我的丈夫，我的孩子，我到死也怀念着他们。"

话还没有说完，突然一阵极大的悲哀攫住了她，她捶着胸脯叫道："呵！我的马尔科！我的宝贝！我的生命！"

当她用含泪的眼睛环顾四周时，她发现女主人已被人叫出去了，只有两个护士站在床前。她听见邻室传来急行的脚步声，低低的说话声和压低了的惊叹声。病人凝望着门外，不知道发生了什么事。一会儿，医生带着惊异的神色匆匆进来，后面跟着主人夫妇，他们的脸色和刚才不一样。医生向主人说："现在就告诉她吧！"她听不懂。

约瑟华厂主妇用颤抖的声音向病人说："有一个好消息要告诉你，是你日夜祈祷的大喜事呢！"

病人注意地听着，主妇接着大声地说："好消息，带给你极大喜悦的消息！"

病人睁大眼睛看着。

"给你看一个人，你看是谁来了？"

病人用力抬起头，先看看女主人，然后向门外张望。

"一个人，你没有预料到的，他刚才赶到！"女主人补充说。

"是谁？"病人尖声地问，一动不动。忽然，她发出一声尖锐的惊呼，霍地坐了起来，两手压着鬓角，像看见超自然的幻影。她看见一个蓬头垢面、衣不蔽体的男孩站在门口，后面站着医生。

"马尔科！我的儿子！"

马尔科奔向前去，她张开双臂把他紧紧抱在胸前，从心灵深处爆发出一声笑，终于呼吸促迫，倒回枕上。

可是，她很快便苏醒过来，狂喜地吻着儿子说："你怎么到这里来了！这是真的吗？谁带你来的？你是一个人来的？没有病吧？你真是马尔科吧？这不是梦吧！你说一句话给我听听！"说着，又突然改了声调说："不！先别说，等着。"

她转向医生说："医生！快给我动手术吧！我一定要把病治好。我准备好了，不要再延迟了，请你们把马尔科领到外面去，别让他听见——马尔科，没什么，以后再告诉你，再吻一次，去吧！医生，快给我动手术吧！"

女主人领着马尔科出去，下房的门立刻被护士关上了。美贵涅兹先生打算把他领到较远的房间去，马尔科却站在门外一动不动。他问道："我母亲怎么了？他们要给她做什么？"

"是的，你母亲病了，要动手术。你到这边来，让我详细告诉你。"

"不！"马尔科还是站在那里不动，说："我要留在这里，就请你马上告

诉我。"

工程师拉他过去，向他说明他母亲得病的经过。他听了很担心母亲的病治不好。

突然，下房门缝里传出一声尖锐的呼叫声，好像一个人受到致命的伤害。

马尔科惊叫："我母亲死啦！"

医生从门口出来说："你母亲得救了！"

马尔科深情地望着他，投身到他脚下，抱着医生的腿哭着说："医生，谢谢你！"

医生搀他起来说："起来吧！勇敢的孩子！是你救活了你的母亲呵！"

（佚名）

人总有可爱之处

我们应该试着慢慢学会这种爱人的胸怀和能力。

一个非裔美籍家庭从他们父亲的人寿保险中获得了 1 万美元。

母亲认为这笔遗产给她家带来了大好机会，可以让全家搬离哈林贫民区，住进乡间一栋有园子可种花的房子。聪明的女儿则想利用这笔钱去实现读医学院的梦想。然而大儿子却提出一个让人难以拒绝的要求。他恳求获得这笔钱，好让他和"朋友"一起开创事业。

他告诉家人，这笔钱可以使他功成名就，并让家人生活得到好转。他答应只要取得这笔钱，他将补偿家人多年来忍受的贫困。

母亲虽感到不妥，还是把钱交给了儿子。她承认他从未有过这样的机会，他配获得这笔钱的使用权。

结果，他的"朋友"很快带着钱逃之夭夭了。

失望的儿子只好带着坏消息，告诉家人未来的理想已被偷窃，美好生活的梦想也成为过去。

妹妹用各种难听的话讥讽他，用每一个想得出来的丑恶字眼来责骂他。她对兄长生出无限的鄙视。

当她骂得差不多时，母亲插嘴说："我曾教你要爱他。"

女儿说："爱他？他已没有可爱之处。"

母亲回答："人总有可爱之处。你若不学会这一点，就什么也没学会。你为他掉过泪吗？我不是说为了一家人失去了那笔钱，而是为他，为他所经历的一切及他的遭遇。孩子，你想什么时候最应该去爱人：当他们把事情做好，让人感到舒畅的时候？若是那样，你还没有学会，因为那还不到时候。不，应当在他们最消沉，不再信任自己，受尽环境折磨的时候。孩子，衡量别人时，要用中肯的态度，要明白他走过了多少高山低谷，才成为这样的人。"

（佚名）

就买这只小狗

他们更需要的是平等、自尊和尊严，也就是对其人格的尊重

一家宠物店老板在店门挂了张"小狗出售"的牌子。

这种招牌通常很能吸引孩童的眼光。

不久后，果真有一个小男孩走进店里询问："要多少钱才能买到小狗？"

老板回答："从 30 元到 50 元不等。"

小男孩将手伸到口袋，但掏出的只有些零钱，他说："我只有两块三毛七，我能看看小狗吗？"

老板微笑地点了点头，然后吹了一声口哨，这时从走道那端跑来一只狗妈妈，后面跟了 5 只毛茸茸的初生小狗：前面 4 只跑起来像是会滚动的球，但最后一只却是一跛一跛地前进。

小男孩一眼就看到了这只跛足的小狗，他问道："这只小狗怎么啦？"

老板解释说，经过兽医检查，原来这只小狗后脚残疾，这辈子注定要当跛脚狗了。

小男孩听了之后异常兴奋："我就买这只小狗。"

老板开口了："这只狗不必买，你若真想要，送你就好了。"

然而这话却使得小男孩十分不悦，他双眼直视着老板，语气坚定地说："我不要你送我，这只小狗和其他小狗一样值钱，我会付足价钱买下。我现在只能给你两块三毛七，但以后每个月我会给你五毛，直到把钱付清。"

老板摆了摆手，不解地问道："孩子，你何必买这只小狗呢？它又不能像其他小狗一样陪你跳，陪你玩。"

这时小男孩弯下腰，拉起左边的裤管，露出严重的扭曲畸形的左腿，他能站着全靠金属支架支撑。他抬头看看老板，轻声地说："我自己也跑不快，这只小狗正好有个同病相怜的主人。"

（佚名）

儿子的账单

这些爱，做儿女的什么时候才能付清呢！

一天晚上，当妻子在厨房正准备晚餐的时候，我们的小儿子拿着一张写字的纸条走向他的母亲。

他的妈妈在围裙上擦干净手之后读这张纸条，上面写着：

割草 5.00 美元

这星期整理我的房间 1.00 美元

为你去商店 0.50 美元

当你去购物时照管我的小弟弟 0.25 美元

出去倒垃圾 1.00 美元

获得良好的成绩报告单 5.00 美元

修整和为花园翻土 2.00 美元

总计应获得 14.75 美元

他母亲看着他儿子满怀希望地站在那儿。我告诉你们，我能看到她大脑的翻腾。她拿起钢笔把儿子已写过的纸翻过来。在上面写道：

当你在我腹内生长，我怀着你那 9 个月是无价的。

我陪着你一起熬夜的那些晚上，为你求医、祈祷，那是无价的。

这些年来你曾造成的恼人情况和所有的泪水，那是无价的。

那些昔日忧惧的夜晚和将来面临的烦恼，那是无价的。

为你准备玩具、食物、衣服甚至为你擦鼻涕，那是无价的。

儿子，当你把以上所有的累加起来，真挚的爱是无价的。

朋友们，当儿子读完他母亲写的话之后，他双眼含泪，直直地看着他的母亲说："妈妈，我真爱你。"他拿出钢笔在他的"账单"上用大写字母写道："全部付清。"

（佚名）

感恩生活

生活感恩，你的生命将充满灿烂的阳光

美国总统罗斯福的家曾经失窃，财物损失严重。朋友闻此消息，就写信来安慰他，劝他不必把这件事放在心上。

罗斯福总统很快回信说："亲爱的朋友，谢谢你来信安慰我，我一切都很好。我想我应该感谢上帝，因为：第一，我损失的只是财物，而人却毫发未损;第二,我只损失了部分财物,而非所有财产;第三,最幸运的是,做小偷的是那个人,而不是我……"

对任何人来说,家中失窃绝非幸事。但是,罗斯福总统却能找到三个感恩的理由。这个故事告诉我们,生活中,我们应该学会感恩。

感恩是一项重要的处世哲学,是生活的大智慧。人生在世,不可能事事顺通。对于各种失败和不幸,我们要豁达大度,勇敢地面对,并想办法解决。面对困难,我们是懊恼抱怨,沮丧气馁,陷入绝望,还是对生活满怀感恩之心,跌倒后再爬起来呢?

英国著名作家威廉·萨克雷说过:"生活是一面镜子,你对它笑,它也会对你笑;你对它哭,它也会对你哭。"

我想,不论是遭遇失败还是不幸,我们都应该感谢生活。只有这样,失败后,我们才能发现自己的缺点和不足;不幸时,我们还能感受到安慰和温暖。这些就能帮我们找回勇气,战胜困难,并获取前进的强大推动力。我们应像罗斯福总统那样,换一个角度去看待生活中的失败和挫折,永远对生活充满感恩,才能时刻保持健康的心态,积极地生活,并能保持完美的人格和不断进取的精神。感恩不仅仅是一种精神慰藉,也不是对现实的规避,更不是阿Q的精神胜利法。感恩源于我们对生活的热爱和希望,它是我们歌颂生活的一种方式。

把一小块明矾放入混沌的水中,我们发现,水很快就澄清了。如果人人都有一颗感恩的心,就能沉淀许多浮躁和不安,消融许多不满和不幸。感恩能让我们的生活变得更加美好。

(佚名)

选择乐观

乐观和悲观都是强大的力量，我们塑造和展望未来，都必须从中做出选择。

如果你预料某件事会很糟糕，那么它很可能真会这样。悲观的想法一般都能实现。但反过来，这个原理也同样成立。如果你料想会好运连连，通常也会这样！乐观和成功之间似乎有一种天然的因果关系。

我喜欢展望未来。我选择注意积极面，忽视消极面。我是乐观主义者，更多的是因为我的选择，而非天性。当然，我知道，生命中总存在着悲伤。现在，我已经70多岁了，经历过太多灾难。但是，当一切尘埃落定，我发现生命中的美好远多于丑恶。

乐观的态度并非奢侈品，而是一种必需。你看待生活的方式决定了你如何去感受，去表现，以及你与他人如何相处。相反，消极的思想、态度和预想也决定了这些，它们成为一种能自我实现的预言。悲观会制造一种阴沉的生活，没有人愿意活在其中。

几年前，我开车去一个加油站加油。那天天气很晴朗，我心情很好。当我进站付油费时，服务员对我说："你感觉怎么样啊？"这个问题有些莫名其妙，但我感觉很好，也这样跟他说了。"你脸色不大好。"他说。我十分惊讶，于是，我告诉他，我确实感觉不错，但已不在信心十足了。他毫不犹豫地继续说我脸色如何不好，连皮肤都发黄了。

我心神不宁地离开加油站，开了一个街区后，我把车停在路边，照着镜子看看自己的脸。我怎么了？是不是得了黄疸病了？一切都正常吗？回到家时，我开始想吐了，我的肝脏是不是出了问题？我不会染上什么怪病了吧？

我再次去那个加油站时，又感觉不错了，也明白了究竟是怎么一回事。

这个地方最近涂了一种明亮、胆汁质的黄色油漆，灯光反射在墙壁上，让里面的人看起来像是得了肝炎。我想，不知道有多少人也有过类似的经历呢。我的心情却因为与一个完全陌生的人短暂的交谈，整整改变了一天。他告诉我，我看起来像生病了，而后不久，我真的感觉不舒服。这个消极的观点，深刻地影响了我的感受和行为。

唯一比消极更具力量的是一个积极的肯定，一个乐观和希望的言词。最令我欣慰的是，我是在一个有着乐观主义光荣传统的国度里成长的。当整体文化积极向上时，再难以置信的事也能完成。当世界看起来充满希望，人们就会在这个积极的场所，努力向上并获得成功。

乐观并不需要变得幼稚，我们可以在成为乐观者的同时，仍意识到有问题存在，有些甚至难以解决。但是，乐观使解决问题的态度有所不同！乐观会使我们把注意力从消极转向积极的、建设性的思考上。如果你是一个乐观者，会更关心问题的解决而不是毫无价值地怨天尤人。事实上，如果没有乐观主义精神，一些现存的巨大问题如贫穷，就毫无希望解决。它需要一个梦想家——一个拥有绝对乐观、矢志不移、坚定信念的人——来解决这个巨大的问题。乐观，或是悲观，在于你的选择。

（佚名）

选择快乐，所以快乐

　　我们何不在自己有限的人生舞台上，做好你自己，乐观地面对人生可能遇到的风风雨雨，开心地过好每一天呢？

　　杰里是一个让人又爱又恨的家伙。他的情绪一直很好，总是有开心的话题。当人们问他如何做到这一切的，他会答非所问地说："好得不能再好了!"

　　他是个独特的老板，从一个餐馆到另一个餐馆，总有几个服务员忠贞不渝地跟随着他。这是因为杰里的生活态度。他天生就是一个可以为别人带去快乐的人。如果他的服务员情绪不佳，杰里就会告诉他如何往好的一面看。

　　这种生活态度使我觉得很好奇，所以，有一天我问杰里："我不明白，你不可能总是以积极的态度面对生活。你是怎么做到的呢?"

　　杰里回答说："清晨醒来时，我总会对自己说：'杰里，今天你有两个选择。你可以选择好心情也可以选择坏心情。'我选择好心情。糟糕的事情发生时，我也同样有两个选择，当一个牺牲者，或是从中汲取教训。我选择后者。每当有人向我诉苦时，我可以选择接受他们的抱怨，也可以选择指出生活积极的一面。我同样选择后者。"

　　我反驳说："是的，你说得很对，但真正做到却没那么容易。"

　　杰里回答说："对，的确如此。生活中充满了各种选择，如果你能抛开所有的障碍，那么任何境遇其实只是一种选择的结果。你可以选择如何应对这种境遇，选择人们如何影响你的情绪，选择处在好情绪还是坏情绪之中。其原则是：怎样生活是由你自己决定的。"

　　我反复思索杰里的话。不久后，我离开了餐饮业，开创了属于自己的事业，同杰里也失去了联系，但每当需要对生活做出选择而不是如何应对的时候，我就会时常想起他。

　　几年后，在经营餐饮的过程中，杰里经历了让你做梦也无法想到的事情：一天早晨，他忘了关后门，结果被三个持枪分子劫持。在他试图打开保险柜的时候，由于过度紧张，手不停地发抖，结果遗漏了密码。慌乱之中，那伙盗贼向杰里开了枪。

　　幸运的是，杰里被人发现并送到了当地的外科中心医院。经过18个小时的手术和数周的特别护理，杰里出院了，但他的体内仍残留着子弹的碎片。

　　六个月后，我见到了杰里。当我问他过得怎样时，他回答说："好得不能再好了！想看看我的伤疤吗?"我拒绝了，只是询问那件事发生时他在想什么。

　　杰里回答说："首先，我想到的是我应该把后门锁上。之后，我躺在地上的时候，想到自己有两个选择——生或死。我选择生。"

我问道："你难道不怕吗？你失去意识了吗？"

杰里继续说道："护理我的人实在太伟大了。他们不停地告诉我会没事的，但当他们把我推入抢救室的时候，我看到了医护人员脸上的表情，我真的害怕了。我读出了他们眼中的话语：'他是一个垂危的病人。'我知道，我要采取行动了。"

我问道："你做了什么？"

杰里回答说："有一个很高大的护士一直大声地问我问题。

"她问我是否对什么东西过敏。我回答说：'是的。'医护人员便停下来听我说。我深吸一口气，然后大声说道：'子弹！'他们听后都笑了，然后我告诉他们：'我选择生。所以，手术时要把我当做一个活着的人，而不是一个死人。'"

杰里能够活下来，应感谢医生们的高超医术，也同样要感谢他身上令人惊奇的生活态度。我从他那里学到：每一天，我们都要开心地活着。

（佚名）

玫瑰花墙

那里就是天堂吧，真想到那里去闻闻天堂的味道

在一个平凡的小镇上，有一大道美丽的玫瑰花墙——它足有半人多高，每到春天便开满了美丽的玫瑰花，它是这家的男主人克里夫先生生前种植的。

可是，克里夫太太的脾气却是出了名的不好，她常常和克里夫先生为了一点儿琐事争吵。

克里夫先生去世后，她的脾气更坏了，而且经常自己生闷气，因此镇上的人都尽量避免招惹她。

一个阳光明媚的午后，克里夫太太正坐在院子里小憩，玫瑰花墙上缀满了美丽的玫瑰花。突然，她被一阵响声惊醒，睁眼一看，玫瑰花墙外有一个人影闪过。克里夫太太厉声喝道："是谁？站住！"

那人站住了，是个孩子。

克里夫太太又喝道："过来！"

那孩子慢慢挪了过来。

克里夫太太认出了他是7岁的小吉米，住在街对面拐角处的穷孩子，他的身后似乎藏着什么东西。"那是什么？"克里夫太太厉声问道，小男孩犹犹豫豫地把身后的东西拿了出来——一朵玫瑰花，一朵已经快要凋谢的玫瑰花，那耷拉着的花瓣显示出它的虚弱。

"你是来偷花的吗？"克里夫太太严厉地问道。

小男孩低着头，局促不安地搓弄着衣角，一言不发。

克里夫太太有些不耐烦了，她挥挥手说："你走吧！"

这时，小男孩抬起头来，怯生生地问道："请问，我可以把它带走吗？就是那朵快要凋谢的玫瑰花，似乎轻轻一碰，花瓣就会落了的玫瑰花？"

"那你先告诉我你要它干什么？"

"是……是的，夫人。"

"送给女孩子？"

"……"

"你不应该送她这样一朵玫瑰花。"克里夫太太的语气温和了些，"告诉我，你把它送给谁？"

吉米迟疑了一会儿，用手指了指不远处的一个小阁楼，那是他的家。

克里夫太太这才想起他有一个5岁的小妹妹，一生下来就有病，一直躺在床上。

"你妹妹？"

"是的，夫人。"

"为什么？"

"因……因为妹妹能从床边的窗户看到这道玫瑰花墙，她每天都出神地看

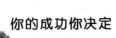
着这里。有一天，她说：那里就是天堂吧，真想到那里去闻闻天堂的味道。"

克里夫太太怔住了——天堂？这里——低矮的木屋？从前，自己整天与克里夫为了一些琐事争吵，不停地抱怨这低矮的木屋、破旧的家具、难看的瓷器……一切一切，自己无数次埋怨这里简直是可怕的地狱，而对克里夫种植的玫瑰花却从未留意过。自己究竟错过了什么？错过了多少？

（佚名）

你的成功你决定

即使是几秒钟的短暂时间也同样能给他人留下深刻的印象，所以不要因为时间太短暂，就忽略自己的言行。

早晨我驾车上班时，通常会遇到3个卖报的年轻人。他们每一个人都有一套属于自己的卖报策略。但其中一人总能最先卖完报纸。事实上，另外两人所处的位置比他优越很多。等我日复一日地从卖报人身边经过时，我逐渐意识到，那个人的成功与他选择的位置毫无关系。

第一个卖报人，总是站在丁字路口，他永远是一副愁眉苦脸的样子。当乘车人招手索要报纸时，他缓慢地走过去，当顾客刚看清他那招牌式的苦瓜脸时，他已经生硬地将报纸塞进了车窗。如果赶上雨天，则很难觅到他的踪影。一般情况下，雨天买不到他的报纸。我并不怪罪他，但当我迫切想买某一张报纸，而又无法看到时，我就难以忍受他这样的工作态度了。所以，后来我再也不从他那里买报纸了。

第二个卖报人，站在十字路口，红绿灯带给他不少便利。一旦乘车的人被红灯所阻，他就前前后后地在停下的车队旁奔跑着，大声叫喊着他所卖报纸的名字。我有几次试图从他那里买一份报纸，但都未能如愿，因为他总是忙于奔跑，很难锁定他的位置。我招手、喊叫，但他似乎从来就没有注意到我。

第三个卖报人，则总是固定地站在繁华街道的中央。双腿略微分开，以保持他的站姿。他的手中拿着几份报纸放在胸前，以使司机和乘客从他身边驶过的时候，能够瞥一眼大字标题。他从来不随着车辆走动，他总是等着他的顾客驶向他的身边。他用使人愉快的"早上好"问候每一个从他身边过去的人，当有人慢下来打算购买报纸时，他的脸上绽放出灿烂的笑容。他友好的态度给我留下了深刻印象。当我驾车离开时，他在后面大声说道："谢谢你！祝你有快乐的一天！明天见！"他总是设法在卖出报纸的几秒钟内，把这些话语说得清清楚楚，又悦耳动听。

　　没错，第三个卖报人是我最喜欢的。想必你会说，这也没什么大不了，不就是卖出一张报纸吗？但是我们完全可以从3个卖报人身上体会到很多东西：

　　你的工作可能并非你理想的工作，但你完全可以凭借你今天所做的一切使自己感到充实和快乐。

　　即使是几秒钟的短暂时间也同样能给他人留下深刻的印象，所以不要因为时间太短暂，就忽略自己的言行。

　　你所做的美好行为不可能都有美好的回报，但糟糕的行为一定会导致糟糕的返还。

　　一颗懂得感恩的心，一个甜美的笑容，一句简短的问候，尽管都是最细微不过的表现，但日久天长，它们所带给你的回报会远远超出你的想象。

　　战胜竞争对手最好的方法，就是提供更好的服务。

　　这天早上，又下雨了。第一个卖报人不知道躲到哪里去了。第二个卖报者，拿着湿漉漉的报纸继续在车流中来回奔跑。第三个卖报人，依旧站在他的位置上，身穿一件鲜亮的黄色雨衣，胸前的报纸被严严实实地遮挡在透明的塑料布下面，报纸一点没湿，人们仍然能看到醒目的大字标题，更能清晰地看到他脸上洋溢着的灿烂的笑容。

（文/尹玉生）

生活给我上的一课

　　"坚持下去，终究会有转机。不经历风雨，怎能见彩虹？

　　每当我遇到困难时，母亲就对我说："如果你坚持下去，一切都会好的。不经历风雨，怎能见彩虹？"

　　直到1932年大学毕业，我才发现母亲是对的。当时我已决意在电台谋求发展，努力成为一名体育节目播音员。我搭便车抵达芝加哥后，开始奔波于各个电台之间——但被一一拒绝。

　　一位在播音室里工作的好心女士告诉我，大型的电台是不会冒险接纳毫无经验的新人——"到乡下去，找家能给你机会的小电台吧。"她说。

　　我乘车返回了家乡伊利诺斯州的迪克森。当时，家乡还没有电台播音员，父亲告诉我，蒙哥马利·沃德新开了家商店，正需要个管理体育部的当地运动员。上中学时，我曾在迪克森打过橄榄球，于是我申请了这份工作。我似乎挺适合做这项工作的，但结果却被拒绝了。

　　我失望极了。"一切总会好的。"母亲提醒我。为了方便找工作，父亲送我一辆汽车。我去爱荷华州的达文波特，到当地电台求职。那里的电台节目总监，苏格兰人彼得·麦克阿瑟告诉我，播音员已有合适的人选。

　　走出他的办公室时，挫折感油然而生。我大声说道："如果在电台都找不到工作，又怎么能当体育节目的播音员呢？"

　　等电梯时，麦克阿瑟的声音传入我的耳畔，"你说什么体育呢！你懂橄榄球吗？"然后他让我到麦克风前，想象一场比赛，来做解说。

　　去年秋天，我们的球队赢得了一场比赛——在最后20秒的时间里以65码的距离获胜，我用15分钟将那场精彩的比赛解说下来。彼得对我说，我可以解说周六的那场比赛。

　　回家途中，母亲的话又在耳边响起，"坚持下去，终究会有转机。不经历风雨，怎能见彩虹？"我常想，当年，如果我能到蒙哥马利·沃德工作，我的人生又会驶向何方呢？

（佚名）

让心中充满阳光

如果看不到光明的一面，就去改变阴暗的一面吧！

美国作家詹姆斯·巴克海姆曾说起过他认识的一个人："有一个非常可爱的老人，他每天早晨坐 8 点 30 分的火车去小镇。我不知道他的名字，但我比镇上的任何人都了解他。无论多远，只要你能看到他，他就会向你传递欢乐。他的脸上总是笑容可掬，虽然他很少说话，但只要一开口，所说的话一定非常亲切、有礼、温厚。所有人都向他点头致意，即使是陌生人也不例外；他也向所有人点头致意，但从未带有一丝一毫的放肆或不敬之意。在风和日丽的日子里，他那令人愉快的问候会使天气显得更好；如果是雨天，他谈论天气时的乐观语气则像彩虹一样美丽。"

美国医学家惠普尔说："有些人天生的亲切感其实就是一种财富。"有那样一些人，无论走到哪里，只要他们出现，就会带来阳光；这里所说的阳光是指对穷人的怜悯、对痛苦者的同情、对不幸者的帮助以及对所有人的善行。

每个人都喜欢快乐的人：他的笑容就是去往各地的护照，所有的大门都为他敞开；他能消除骄傲与妒忌，因为他把好心情带给每一个人；他像阳光一样，受到所有家庭的欢迎。

英国作家卡莱尔在他的回忆录里曾提及过苏格兰宗教改革运动领袖爱德华·欧文的乐观性格："他很安静、乐观、亲切。他的心灵像镜子一样平静、清晰，他真诚地爱他人，也为他人所爱；对我来说，欧文的话语就是一种充满希望和幸福感的声音。"

英国著名诗人骚塞对废奴制先驱威廉·威尔伯福斯有这样的赞美之词："我从未见过其他任何人能像他这样享受精神上永久的平静和快乐。"

英国作家戈德史密斯在佛兰德斯的时候，发现了一个他所见过的最快乐的人。这个人从早到晚不停地干活，并一直伴随着歌声和欢笑。然而，这个性情乐观的人却是一个残废、丑陋、戴着镣铐的奴隶。他充分证明了那句给我们以启迪的话——如果看不到光明的一面，就去改变阴暗的一面吧！

在一次花展上，一等奖被一个苍白、瘦弱的小女孩儿夺得。她住在伦敦东区一个狭窄、阴暗的庭院里；评委问她，在这样一个阴暗、没有阳光的地方，她是怎样育出如此美丽的花。她回答说，庭院内能照进一缕阳光；每天早上太阳升起的时候，她就把花放到这缕阳光下，随着光线的移动，她也不停地挪动花盆，这样，就可以让花一整天都得到阳光的照射。

"水、空气和阳光，是三种最有益于健康的能量，而且是免费的，人人都能轻易获得。"沃尔特·惠特曼说，"12年前，我准备去坎登度过生命中最后的时光。每当我漫步在乡村里，沐浴在阳光下，与鸟儿和松鼠共同生活，与鱼儿在水中嬉戏，我都感到神清气爽、心情愉悦。是大自然又使我恢复了健康。"

"在我照顾病人的所有经历中，"弗洛伦斯·南丁格尔说，"有一种观点，是说病人对灯光的需要仅次于对新鲜空气的需要，这是一个不正确的结论。在一个封闭的房间里，对病人伤害最大的就是房间里的阴暗；他们需要的不仅仅是灯光，而是阳光的直接照射。"

（佚名）

扫烟囱的小孩

是人类最美丽的语言，如早晨的阳光拂面，轻轻地抚摸你的心扉；如午夜的月光如水，静静地在水中闪耀爱。

昨天下午，我到学校附近的女子小学去，把《爱国少年》故事送给雪尔

维姐姐的老师看。

那学校有 700 多女生。我到达的时候正是放学，学生们因为从明天起接连有"万圣节"和"万灵节"两个节日，正高兴地回家去。我在那里看到一件很感人的事。

那学校对面街道角落里，站着一个脸孔墨黑的扫烟囱的小孩，他靠着墙根，正把脸埋在臂弯里哭。有两三个女生走上去问他："你为什么哭成这样？为什么？"但他总是哭着，不作回答。

"请告诉我们，为什么要哭？"经不住她们再三询问，他才抬起头来哭着说，今天下午扫了几处烟囱，得了 30 枚铜币，不知什么时候，从衣袋破洞里漏出去了。说着又指着破洞给她们看，他说，他现在不敢回家。"回去师傅要打我的。"说着，又哭起来，显出绝望的样子。

女生们都沉默着，替他难过。这时，又来了不少大的小的夹着书包的女生。有一个帽上插着蓝羽毛的年长女生拿出两枚铜币来，说："我只有两枚，大家凑一凑吧！"

"我这里也有两枚。"一个穿红衣服的女生接着说。"我们这么多人，30枚铜币准能凑起来的。"

她们开始数着："阿玛利亚，璐加，安尼娜，各一枚，把钱放在这里！"有些人把原来准备买花，买笔记本的钱也拿出来了，一个最小的女孩拿出一枚半分的小铜币。帽上插蓝羽毛的女生把钱收拢了，大声地数："8 枚，10枚，15 枚。"还是不够。这时来了一个比她们都大，好像是助教的少女，拿出一枚半里拉的银币来，大家都很高兴。还差 5 枚。"四年级的来了，她们一定有的。"有人喊道。四年级的女生一到，果然拿出许多铜币，后面还有人向这边跑过来。可怜的扫烟囱的孩子被包围在美丽的衣裙、随风飘动的帽羽、束发丝带和卷发之中，那情景真令人感动。

30 枚铜币早已凑够，最后还多了不少。没有带钱的女生挤进来，把花束赠给他。这时，一个校工出来说："校长来了！"

女生们才像麻雀一样四散回家，剩下扫烟囱的小孩独自站在街心，手里握满了钱，拭着眼泪。他衣袋里、纽孔里、帽子上都挂满了鲜花，还有许多花散落在他的脚边。

（佚名）

她是我最好的朋友

　　珍惜自己的每一个朋友，努力用友情编织自己的生活，让爱充满你的生活吧！

　　那是在几十年前的越南孤儿院。

　　由于飞机狂轰滥炸，一颗炸弹在一家孤儿院爆炸了，几个孩子和一位工作人员被炸死，还有几个孩子受了伤。

　　所幸，不久后一个医疗小组来到了这里。虽然小组只有两个人——一个女医生，一个女护士。但她们很快进行了急救，对几个孩子进行了包扎处理。可是，有一个小女孩由于失血过多，出现了生命危险，必须要紧急输血。医生们带来的医疗用品中没有可供使用的血浆。

　　思索一番，医生决定就地取材，她给在场的所有人验了血，终于发现有几个孩子的血型和这个小女孩是一样的。

　　于是，医生和护士对孩子们说，要他们为小女孩献血。

　　"你们的朋友伤得很重，她需要血，需要你们给她输血！"医生和护士都只会说一点点的越南语，所以他们只得用尽量多的手势和仅仅会的几个单词表达自己的意思。终于，孩子们点了点头，好像听懂了，但眼里却藏着一丝恐惧！

　　"你们谁来献血？"医生拿着针头，在血管处比划了一下。孩子们没有人吭声，没有人举手表示自己愿意献血。女医生没有料到会是这样的结局。

　　"为什么你们不肯献血来救自己的朋友呢？难道你们没明白我说的话？她已经有生命危险了，再不救就会死掉了！"女医生十分失望地说道。

　　忽然，一只小手慢慢地举了起来，虽然很犹豫，但是最终举了起来，一直举过头顶。"好，那就你了！"医生很高兴，马上把那个小男孩带到临时的手术室，让他躺在床上。小男孩僵直着躺在床上，看着针管慢慢的插入自己细小的胳膊，看着自己的血液一点点的被抽走！眼泪不知不觉地就顺着脸颊流了下来。

"针管弄疼你了？"医生有些紧张地问。

男孩摇了摇头，但是眼泪还是没有止住。

医生开始有一点慌了，一定是哪里弄错了，可是到底在哪里呢？针管是不可能弄伤这个孩子的呀！

就在这时候，一个越南的护士赶到了这个孤儿院。女医生立即把情况告诉了护士。越南护士忙低下身子和床上的孩子交谈了一会儿。不久后，孩子竟然破涕为笑了。原来，孩子们都误解了女医生的话，以为她要抽光一个人的血去救那个小女孩。所以，谁都不肯站出来用自己的生命去挽救小伙伴的生命。可让人意想不到的是，这个小男孩竟然站了出来！

"既然以为献过血之后就要死了，为什么他还自愿出来献血呢？"医生问越南护士。

越南护士连忙蹲了下来问小男孩，小男孩不加思索地回答说："因为她是我最好的朋友！"

回答很简单，只有几个字，但却感动了在场所有的人。

（佚名）

管家的小提琴

"我没有权利去做或说任何事以贬抑一个人的自尊。重要的并不是我觉得他怎么样，而是他觉得他自己如何。

埃德蒙是一个很有名的音乐家。这天中午，埃德蒙突然听见楼上卧室有轻微的响声，是阿马提小提琴的声音。

"难道有小偷?"埃德蒙连忙冲上楼,果然,一个大约13岁的陌生少年正在那里摆弄小提琴。

少年头发蓬乱,脸庞瘦削,一身外套极其不合身,似乎在里面塞了很多东西。一看就知道,这是个小偷,他连忙用自己结实的身躯挡在了门口。就在这时,少年看到了他。一双眼睛里立即充满了惶恐、胆怯和绝望。

这眼神一下子把埃德蒙打动了,愤怒的表情顿时被微笑所代替。

"你是丹尼尔先生的外甥琼吗?我是他的管家。前两天,丹尼尔先生说你要来,没想到来得这么快!"埃德蒙微笑着说。

那个少年先是一愣,但很快就回应说:"我舅舅出门了吗?我想先出去转转,待会儿再回来。"埃德蒙先生点点头。

少年连忙把小提琴放下,打算离开。

"你也喜欢拉小提琴吗?"埃德蒙问道。

"是的,但拉得不好。"少年紧张地回答。

"那为什么不拿着琴去练习一下,我想丹尼尔先生一定很高兴听到你的琴声。"埃德蒙语气平缓地说。

少年疑惑地望了望埃德蒙,迟疑了一下,最终拿起了小提琴,临出客厅时,少年突然看见墙上挂着一张埃德蒙在歌德大剧院演出的巨幅彩照,身体猛然抖了一下。没有哪一位主人会用管家的照片来装饰客厅,少年立即明白了怎么回事。他立即加快了脚步,甚至是跑出了埃德蒙的家。

晚上,埃德蒙的太太察觉到异常,忍不住问道:"亲爱的,你心爱的小提琴坏了吗?"

"哦,没有,我把它送人了。"埃德蒙缓缓地说道。

"送人?你那么珍爱它,怎么可能把它送人?"太太一副难以置信的样子。

"如果一把小提琴能够拯救一个迷途的灵魂,我愿意这样做。"埃德蒙缓缓地说道。

随即,他向妻子讲述了中午发生的事情。妻子听了,很为埃德蒙的决断感动。

三年后,埃德蒙应邀担任一次音乐大赛的决赛评委。一位叫里特的小提琴选手凭借雄厚的实力夺得了第一名。颁奖大会结束后,里特拿着一只小提琴匣子跑到埃德蒙先生的面前。

"埃德蒙先生,您还认识我吗?"小伙子脸色绯红地问。

埃德蒙觉得似曾相识,但是又不能确认,只好摇了摇头。

"您曾经送过我一把小提琴，我一直珍藏着，直到今天！"里特说着说着，热泪盈眶，"那时候，几乎每一个人都把我当成垃圾，我也以为自己彻底完了。但是您让我在贫穷和苦难中重新拾起了自尊！现在，我可以无愧地将这把小提琴还给您了！"

说完，里特含泪打开琴匣，将那把阿马提小提琴归还给了埃德蒙。埃德蒙的眼眶也湿润了，他走上前紧紧地搂住了里特，原来他就是那个"小偷少年"。

多年来，埃德蒙一直为自己所做的这件事感动。他保全了少年的自尊，感化了他的心灵，更改变了他的人生。

（佚名）

尊贵的秘密

　　　　要想自己快乐，就先给予别人快乐。要想让自己的心里充满阳光，就先把阳光散布到别人的心田里。

一个荷兰花草商人，千里迢迢从非洲引进了一种名贵的花卉。他爱护这些花卉如同自己的生命一般。

他细心地将花种在花圃里，希望将来能卖个好价钱。邻居曾向他索要花的种子，可商人拒绝了。他计划培植三年，等拥有上万株后再开始出售和馈赠。

第一年的春天，他的花开了。花圃里万紫千红，那种名贵的花开得尤其漂亮，就像一缕缕明媚的阳光。商人高兴极了，他相信这些花卉是有生命的。于是付出了更大的心血培育这些花卉。

第二年的春天，商人的花已经达到五六千株。可商人有些失望，因为他发现今年的花虽然数量多了，但是质量却不如去年，没有去年开得好，花朵变小不说，还有一点点的杂色。

第三年的春天，商人的花已经培植出了万株的规模，但这些花完全没有了它在非洲时的那种雍容和高贵，和普通的花几乎没什么两样。

难道这些花退化了吗？商人百思不得其解，只得去请教一位植物学家。

植物学家拄着拐杖来到他的花圃看了看，问他："你这花圃隔壁是什么？"

"隔壁是邻居家的花圃。"

"他们也种这种花？"植物学家问。

"不！"商人有些骄傲又有些无奈地摇了摇头，"这种花在全荷兰，甚至整个欧洲也只有我一个人有，他们的花圃里都是些郁金香、玫瑰、金盏菊之类的普通花卉。"

"那你就把你的种子送给邻居些吧。"植物学家建议。

"为什么？"商人有些吃惊。

"虽然你的花圃里种满了这种名贵的花，但和你的花圃毗邻的花圃却种植着其他花卉，你的这种名贵之花被风传授了花粉后，就染上了毗邻花圃里的其他品种的花粉。所以你的花一年不如一年，越来越不雍容华贵了。"植物学家缓缓地说道，"谁能阻挡住风传授花粉呢？所以要想使你的名贵之花不失本色，只有一种办法，那就是让你邻居的花圃里也都种上你的这种花。"

商人听了将信将疑，主动将自己的花种分给了邻居。

很快，在第二年商人就收获了喜悦。商人和邻居的花圃成了这种名贵之花的海洋。而且花色典雅，花朵又肥又大，朵朵流光溢彩，雍容华贵。

这些美丽的花一上市，便被抢购一空。

（佚名）

帮 助

　　一朵花也要学会和别人分享，对别人怀着一份关心和爱。赠人玫瑰，手留余香。付出真挚的爱，回报会在不知不觉中来到我们的身边。

　　一天傍晚，他在单行道的乡村公路上孤独地驾着车回家。在这美国中西部小镇上谋生，他的生活节奏就像他开的老爷车一样迟缓。自从所在的工厂

倒闭后，他就没有找到过固定工作，但他还是没有放弃希望。

外面空气寒冷，暮气开始笼罩四野。在这种地方，除了外迁的人们，谁会在这路上驾驶？他的老爷车的车灯坏了，但是他不用担心，他能认路。

天开始变黑，雪花越落越厚。他告诉自己得加快回家的脚步了。

他差一点没有注意到那位困在路边的老太太。外面已经很黑了，这么偏远的地方，老太太要求援是很难的。我来帮她吧，他一边想着，一边把老爷车开到老太太的奔驰轿车前停了下来。

尽管他朝老太太报以微笑，可是他看得出老太太非常紧张。她在想：会不会遇上强盗了？这人看上去穷困潦倒，饿狼一样。

他能读懂这位站在寒风中瑟瑟发抖的老太太的心思。他说："我是来帮你的，老妈妈。你先坐到车子里去，里面暖和一点。别担心，我叫拜伦。"

老太太的轮胎爆了，换上备用胎就可以。但这对老太太来说，并不是件容易的事情。拜伦钻到车底下，察看底盘哪个部位可以撑千斤顶把车顶起来，他爬进爬出的时候，不小心将自己的膝盖擦破了。

等将轮胎换好，他的衣服脏了，手也酸了。就在他将最后几颗螺丝上好的时候，老太太将车窗摇下，开始和他讲话。

她告诉他她是从大城市来的，从这里经过，非常感谢他能停下来帮她的忙。拜伦一边听着，一边将坏轮胎以及修车工具放回老太太的后车厢，然后关上，脸上挂着微笑。老太太问该付他多少钱，还说他要多少钱都不在乎。因为她能想象得出如果拜伦没有停下来帮她的话，在这种地方和这个时候，什么事情都可能发生。

帮这老太太忙是要向她要钱？拜伦没有想过。他从来没有把帮助人当做一份工作来做。别人有难应该去帮忙，过去他是这样做的，现在他也不想改变这种做人的准则。他告诉老太太，如果她真的想报答他的话，那么下次她看见别人需要帮助的时候就去帮助别人。他补充说："那时候你要记得我。"

他看着她的车子走远。他的这一天其实并不如意，但是现在他帮助了一个需要帮助的人，他一路开车回家的心情却变得很好。

再说那老太太。她在车子开出了将近一英里的地方，看到路边有一家小咖啡馆，就停车进去了。她想，还得开一段路才能到家，不如先吃一点东西，暖暖身子。

这是一家很旧的咖啡馆，门外有两台加油机；室内很暗，收银机就像老掉牙的电话机一样没有什么用场。

女招待走过来给她送来了菜单，老太太觉得这位招待的笑容让她感到很舒服。她挺着大肚子，看起来最起码有 8 个月的身孕了，可是一天的劳累并没有让她失去待客的热情。老太太心想，是什么让这位怀孕的女人必须工作，而又是什么让她仍如此热情地招待客人呢？她想起了拜伦。

女招待将老太太的 100 元现钞拿去结账，老太太却悄悄地离开了咖啡馆。

当女招待将零钱送还给老太太时，发现位置已经空了，正想着老太太跑到哪里去的时候，她注意到老太太的餐巾纸上写着字，在餐巾纸下，她发现另外还压着 300 块钱。餐巾纸上是这样写着的："这钱是我的礼物。你不欠我什么。我经历过你现在的处境。有人曾经像现在我帮助你一样帮助过我。如果你想报答我，就不要让你的爱心失去。"女招待读着餐巾纸上的话，眼泪夺眶而出。

那天晚上，她回到家里，躺在床上翻来覆去地睡不着，她想着那老太太留下的纸条和钱。那老太太怎么知道她和她丈夫正在为钱犯愁呢？下个月孩子就要生了，费用却还完全没有着落，她和丈夫一直都在为此担心。现在这下好了，老太太真是雪中送炭。看着身边熟睡的丈夫，她知道白天他也在为赚钱犯愁。她侧过身去给他轻轻的一吻，温柔地说："一切都会好的，拜伦，我爱你。"

（佚名）

小天使

充满恨的生活是悲苦的，它将蒙蔽我们发现爱的眼睛。所以，不妨让恨像花儿一样，开在哪里便谢在哪里。这才是人生的最高境界。

女孩很美丽，她有一双灵巧的手，会画画、会弹钢琴，人人都说她是个小天使。就在女孩 11 岁那年，父母离异了。女孩只好与父亲、继母生活在一起。继母是个恶毒的女人，对她非打即骂，她满身伤痕还要担负粗重的家务。

可即便如此，继母仍旧不肯罢休，一天夜里，丧心病狂的继母用刀砍下了她的右手。小小的女孩，第一次懂得了什么叫仇恨。虽然继母被关进牢房，可女孩的这种恨并没停止，反而日渐增长着。

身体已经残缺不全的女孩，只得跟着亲生母亲一起生活。她的右臂成了一根肉棍，她必须得重新用左手学习一切。她学习穿衣、吃饭、写字、游泳，每学一样都让她痛苦万分，对继母的仇恨也会更深一层。

不久后，女孩的父亲又离婚再娶了。继母所生的那个小男孩，终于也遭遇了同样恶毒的继母。

母亲长舒了一口气："这就是报应！"可女孩却沉默了。她竟然常常去小男孩儿家，偷偷给他送去好吃的，甚至把自己的零用钱给他。母亲拦她，可是拦不住。女孩说，当年他才一岁多，一切都不关他的事。

几年后，女孩以高分考入了大学，学费无着。很快，众人得知了她的故事，主动为她募捐了两万元的学费。大学四年，两万元已经很拮据，可就在这时，她却拿出了一万元分给了小男孩。女孩这样做的原因很简单，小男孩到了该上学的年纪，就必须得上学。

不仅如此，她还说，她大学毕业后，如果继母还没出狱，她将会全力供男孩上学。

这个善良的女孩来自四川双流县。她对同父异母弟弟的爱，让我们在这个残酷的故事里看到了人性的光辉与美好。

（佚名）

爱可以感化罪恶

爱可以感动一切，升华人性。真诚的爱可以感化人的心灵，救赎一切罪恶。

1921 年，路易斯·劳斯出任斯达克监狱的典狱长，斯达克监狱是当时最难

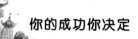

管理的监狱。可是当二十年后劳斯退休时，该监狱却成为一所提倡人道主义的机构。研究报告将功劳归于劳斯，当他被问及该监狱改观的原因时，他说："这都由于我已去世的妻子——凯瑟琳，她就埋葬在监狱外面。"

凯瑟琳是三个孩子的母亲。劳斯成为典狱长时，每个人都警告她千万不可踏进监狱，但这些话拦不住凯瑟琳。第一次举办监狱篮球赛时，她带着三个可爱的孩子走进体育馆，与服刑人员坐在一起。

她的想法是："我要与丈夫一道关照这些人，我相信他们也会关照我们，我不必担心什么！"

一名被定有谋杀罪的犯人瞎了双眼，凯瑟琳知道后便前去看望。

她握住他的手问："你学过点字阅读法吗?"

"什么是'点字阅读法'?"他问。

于是她教他阅读。多年以后，这人每逢想起她还会流泪。

凯瑟琳在狱中遇到一个聋哑人，结果她就到学校去学习手语。许多人说她是耶稣的化身。在 1921 年至 1937 年间，她经常造访斯达克监狱。

后来，她在一桩交通事故中逝世。第二天，劳斯没有上班，代理典狱长暂代他的工作。消息立刻传遍了监狱，大家都知道凯瑟琳出事了。

第二天，她的遗体被运回家，她家距离监狱只有四分之三英里路。代理典狱长早晨散步时惊愕地发现，一大群最凶悍、最冷酷的囚犯，竟齐聚在监狱大门口。他走近一看，这些人脸上流着眼泪。

典狱长感动了，他知道这些人爱戴凯瑟琳，于是转身对他们说："好了，各位！你们可以去，只要今晚记得回来报到！"然后他打开监狱大门，让一大队囚犯走出去。结果，当晚所有的囚犯都按时回来报到了。

（佚名）

第三辑　学会承受苦难

　　命运是否能够战胜我们的精神呢？回答是：不能！当塔金顿完全失明之后，他说："我发现自己能够接受这一事实，就像别人能够承受其他事情一样。哪怕我五种感官都已丧失功能，我知道我还可以生活在自己的思想里。因为只有我们的思想才能够看清生活，也只有在思想里才能生活，不论我们是否清楚这一点。"

只有时间理解爱

　　爱的伟大并不是物质上的给予，而是时间上的付出。

　　爱、忧伤、虚荣、快乐、富有四个人都生活在同一个小岛上。

　　一天，小岛上发生了灾难，眼看着小岛就要被淹没了，

所有人都急忙逃生。很快，人们都上了逃生的船。

　　可是爱找来找去，也找不到一只船。她被困在小岛的一棵树上，等待着其他人的救援。

　　富有乘坐着一艘豪华的大船经过，爱连忙向他呼救。

　　而富有却说："我的船已经装满了财宝，没有你容身的地方了。"然后，富有的船开走了。

　　爱仍然在苦苦盼望着。一艘装饰得很精美的小船经过。

　　爱再次呼救，这条小船上坐的是虚荣。

　　虚荣看看爱的狼狈相，撇撇嘴说："瞧你一身的泥泞，我的船会被你弄脏的。再说了，我的船太小了，也装不下你。"虚荣的船也过去了。

　　爱有几分绝望，可是仍苦苦撑着。忧伤的船经过，爱不顾一切地呼救。忧伤站在船的一边，他只是深深地看了爱一眼，说："我想一个人待着，我不能搭救你。"忧伤沉默的背影很快地消失了。

　　快乐的船开过来了。爱的心里又升起了新的希望。她声嘶力竭地呼救。可是快乐只顾着自己的快乐，甚至连爱的叫喊声都没有听见。快乐的船也开过去了。

　　爱攀住的树枝在缓缓地下沉，爱真的绝望了，她觉得自己一定会在这次灾难中丧生。于是，她放弃了呼救，静静地等待着死亡的到来。

　　正在海水将要淹没树梢的一刹那，有一条船经过，将爱救了起来。

　　爱忙不迭地道谢，看到船的主人是一位白发的老公公。老公公笑眯眯地问："你知道我是谁吗?"

爱摇摇头。

老公公笑着说："我是时间啊。虽然快乐和忧伤都会走过我们的生命，但都会被忘记。虚荣总是泡影，富有也不过是身外浮云。只有我才了解爱啊，只有时间才知道爱的伟大。我是对你永久的见证，无论是你的泪、你的笑，你的过去、你的现在，我都深深理解。"

（佚名）

拿冰淇淋的姑娘

最为重要的是——记住爱，而不是一个人的名字。

伊丽诺不明白为什么祖母总是爱忘记事情，像忘记把糖放哪儿了，忘记付账单，忘记去购物的时间，等等。

"祖母出了什么事？"伊丽诺问道，"她一直都是个有条不紊的人，现在她看上去好像失魂落魄，而且总是丢三落四。"

"祖母正在逐渐衰老，"母亲说，"她需要关怀，亲爱的。"

"人衰老的标志是什么？"伊丽诺问，"每个人老了都会健忘吗？我也会吗？"

"并不是每个人老了都会忘事，我想祖母可能是得了健忘症，这种病使人的记忆力衰退，我们可能不得不送她去护理院让她得到良好的治疗。"

"噢，妈妈！那太可怕了，她将怀念她自己的小屋，是吗？"

"也许吧，但是我们只能这样做。在那里她将得到很好的照顾，并能结交许多新朋友。"

伊丽诺看上去很伤心，她根本不喜欢这个主意。

"我们能经常去看她吗？"她问，"我想跟祖母说话，即使她确实忘了许多事。"

"我们可以在周末去看她。"妈妈说，"我们可以给她带去礼物。"

"像冰淇淋吗？祖母喜欢草莓冰淇淋。"伊丽诺微笑着说。

"那就送草莓冰淇淋。"妈妈说。

第一次在护理院看见祖母时，伊丽诺真想哭。

"妈妈，几乎所有的人都坐在轮椅上。"她说。

"他们必须那么做，否则他们会摔倒。"妈妈解释道，"现在当你看见祖母时一定要笑着告诉她，她看上去气色是多么好。"

祖母蜷着身子坐在房间的中央，这个房间被叫做日光室。她坐在那里看着外边的绿树。

伊丽诺紧抱着祖母，"看！"她说，"我们给您带来了一个礼物——您最喜欢的东西，草莓冰淇淋！"

祖母拿出盛冰淇淋的纸杯和匙，什么也没有说，就开始吃。

"我想她喜欢吃，亲爱的。"母亲安慰她。

"但她好像不认识我们。"伊丽诺失望地说。

"你必须给她时间，"妈妈说，"她毕竟处于一个新环境之中，她必须经历一个调整阶段。"

但是，下一次去看祖母，她还是老样子，只是吃着冰淇淋并微笑着看着她们，从不说任何话。

"祖母，你知道我是谁吗？"伊丽诺问她。

"你是带给我冰淇淋的小姑娘。"祖母说。

"是的，但我还是伊丽诺，您的孙女，您不记得我了吗？"她一边说着，一边用力地摇晃着老太太的胳膊。

祖母无力地笑着："让我想一想？啊，你是给我拿冰淇淋的姑娘。"

猛然间，伊丽诺确信：祖母再也记不起她了。祖母正生活在一个只有她自己的世界里，这个世界里只有模糊不清的记忆和孤独。

"噢，我是多么爱您，祖母！"她说，就在这时她看见一滴泪正从祖母的脸颊滴落。

"爱，"她说，"我记得爱！"

"爱！亲爱的，她想要的正是这个。"妈妈说。

"每个周末我都给她带冰淇淋，然后我拥抱她，不管她是否认识我。"伊丽诺说。

（佚名）

最棒的一天

> 一朵花表达的是一份感恩的心，一束花传递的是一份爱，有爱的世界就如同有花的世界一样，芬芳迷人，生机盎然。

我是一位牧师。有一段时间，每个星期天都有人会在我衣服的翻领上别上一朵玫瑰花。因为每个星期天早晨我都有一朵花，所以我没想太多。我欣赏这种友谊的表示，它已变成了规律。

有一个星期天，被我认为稀疏平常的事变得不同寻常了。

当我离开主日礼拜时，一个小男孩走向我。他站在我面前，说："先生，你要怎么处理你的花？"刚开始我不知道他在说什么，但一会儿我就懂了。

我说："你指的是这朵吗？"我指着别在我外衣上的玫瑰花。

他说："是的，先生。如果你会丢掉它的话，可否给我？"

我微笑着告诉他，花可以给他，并随口问他要做什么。

这个小男孩，或许还不到10岁，仰望着我，说："先生，我要把它送给我的祖母。去年我爸妈离了婚，我本来和我妈住，但她又再婚了，要我和我爸住。我和我爸住了一阵子，但他不愿再收留我，便送我去跟我祖母住。她对我太好了。她煮饭给我吃，又照顾我。她对我太好了，所以我要把这朵漂亮的花送给她，谢谢她爱我。"

当小男孩说完话，我几乎说不出话来，我的眼里充满了泪水，我知道我灵魂的深处被感动了。

我取下我的花，把花拿在手里，看着男孩说："孩子，这是我听过最好的事，但我不能把花给你，因为这不够。如果你走到讲道坛的前面，你会看到一大束花。每个星期天都有不同的家庭买花送给教堂。请把那些花送给你的祖母，因为那样才配得上她。"

他的最后一句话，更使我深深感动且永远难忘。他说："这是最棒的一天！我只要求一朵花却得到一大束。"

（佚名）

接受不可避免的事实

心态能使你成功，同样，心态也能让你失败。不要忽视了你自己的心态，更不要因为心态而使你成为失败者。

已故的布斯·塔金顿经常说的一句话就是："人生旅途上的任何苦难我都能够承受，但要除了一样——失明。那是我根本无法承受的。"

然而，就在他六十几岁的时候，有一天，当他低头看地上的地毯时，发现呈现在他眼前的色彩开始变得模糊不清，他已经无法看清花纹的样式了。他当即便去找了一位眼科专家，最终却证实了那个不幸的现实：他的视力正在渐渐衰退，有一只眼几乎完全失明了，而另一只也处在极糟的状态下。他此生最担心的一件事终究还是降临在他身上了。

塔金顿对这种"灾难性的打击"做何反应呢？他是不是认为"我的一生就这么毁了"呢？不，连他自身都未曾想过他还能够感到开心，甚至还不失幽默。以前，那些常常浮动在他眼前的"黑斑"令他非常苦恼，正是这些"黑斑"使他无法看清眼前的东西。可是现在，即便那些最大的黑斑在他眼前浮过的时候，他都会幽默地说："你好啊！黑斑爷爷又来了！不知道今天这么好的天气它想到哪里去！"

命运是否能够战胜我们的精神呢？回答是：不能！当塔金顿完全失明之

后，他说："我发现自己能够接受这一事实，就像别人能够承受其他事情一样。哪怕我五种感官都已丧失功能，我知道我还可以生活在自己的思想里。因为只有我们的思想才能够看清生活，也只有在思想里才能生活，不论我们是否清楚这一点。"

为了恢复视力，塔金顿在一年之内共接受了 12 次手术，使用的是当地生产的麻醉剂！他有没有为此而担心呢？没有，因为他知道这些都是他必须经历的，他没有办法逃避，唯一能够减轻痛苦的方法就是勇敢地接受它。他拒绝使用医院里的私人病房，而是住在大病房里，与其他病友住在一起。他用尽一切办法使病人们感到开心，而当他必须接受几次手术时——而且他十分清楚自己将接受何种眼科手术——他仍尽力去想自己有多么幸运。他说："实在太神奇了！现在的科学已经发展到可以为人类的眼睛这么脆弱的东西做手术了！"

一般人如果经历了 12 次以上的手术，并且不得不在黑暗中生活，恐怕会精神崩溃。可是塔斯顿却说："我可不愿意把这次的经历拿去换一些更开心的事情。"正是这次特殊的经历教会他如何去接受无法改变的一切。他懂得了，生活带给他的一切没有一样是他自身的能力不能企及的，也没有一样是他无法承受的。这件事同时使他领悟了富尔顿所说的："失明并不可怕，可怕的是你无法承受失明。"

如果我们因此而感到无比愤慨，或牢骚满腹，根本不足以帮助我们改变那些已经无法改变的事实。可是，我们可以改变自己。我知道这一点，因为我曾亲身尝试过。

一次，我拒绝接受一件无可避免的事情。结果我做了一件傻事——我反抗它，抱怨它。结果，我一连几个夜晚都无法安眠，而且还令自己痛苦不堪。我把所有自己不愿想起的事情都想起来了。经过一整年的自我虐待，我终于接受了这些不可改变的事实。

我应该在几年前就大声朗读出惠特曼的诗句：

哦，去面对黑夜、暴风雨、饥饿、愚弄、意外和挫折吧！就像树和动物一样。

（佚名）

全在你自己

当你心里充满光明的时候，世界便对你敞开了大门；而如果你自己堵上了心灵的窗口，你的世界就自然被黑暗所吞没

从前有一位智慧的老人，每天坐在加油站外面的椅子上，向开车经过镇上的人打招呼。

这天，他的孙女儿在他身旁，陪他慢慢地共度光阴。

他俩坐在那里看着人们经过，一位身材很高看来像个游客的男人（他们认识镇上每个人）到处打听，想要找地方住下来。

陌生人走过来说："这是个怎样的城镇？"

老人慢慢转过来回答："你来自怎样的城镇？"

游客说："在我原来住的地方，人人都很喜欢批评别人。邻居之间常说别人的闲话，总之那地方很不好住。我真高兴能够离开，那不是个令人愉快的地方。"

摇椅上的老人对陌生人说："那我得告诉你，其实这里也差不多。"

过了一个多小时，一辆载着一家人的大车在这里停下来加油。车子慢慢驶进加油站，停在老先生和他孙女儿坐的地方。母亲带着两个小孩子下来问哪里有洗手间，老人指着一扇门，上面有根钉子悬着扭歪了的牌子。

父亲也下了车，问老人："住在这城镇不错吧？"

坐在椅子上的老人回答："你原来住的地方怎样？"

父亲看着他说："我原来住的城镇每个人都很亲切，人人都愿帮助邻居。无论去哪里，总会有人跟你打招呼，说谢谢。我真舍不得离开。"

老先生转过来看着父亲，脸上露出和蔼的微笑，"其实这里也差不多。"

然后那家人回到车上，说了谢谢，挥手再见，驱车离开。

等到那家人走远，老人的孙女儿抬头问祖父："爷爷，为什么你告诉第一个人这里很可怕，却告诉第二个人这里很好呢？"

祖父慈祥地看着孙女儿美丽湛蓝的双眼说："不管你搬到哪里，你都会带着自己的态度，那地方可怕或可爱，全在于你自己！"

（佚名）

与众不同的芳香

"其实在生活中，每一个人都有与众不同的芳香，你也一样呀，拥有自己的芳香。

有一个年轻人，很希望能够作出一番成就。开始，他总是尝试着鼓足勇气去做每一件事情。但是，渐渐地他就对自己失去了信心，结果一事无成。因此，他感到很自卑。

他去拜访了一位成功的长者。他希望从那位长者那里，获得一些成功的启示。

在见面之后，他问了长者这么一个问题："为什么别人努力的结果总会成功，而我努力的结果却那么糟糕呢？"

长者微笑着摇了摇头，反问了他："如果，现在我送你'芳香'两个字，你首先会想到什么呢？"

思考了一会儿，年轻人回答说："我会想到糕点，虽然我开办不久的糕点店已在前些日子停业了，但是我仍会想到那些芳香四溢的糕点。"

长者点了点头，然后，便带他去拜访一位动物学家朋友。

见面后，长者问了对方一个相同的问题。

动物学家回答道："这两个字，首先会使我想到眼下正在研究的课题——在自然界里，有不少奇怪的动物,利用身体散发出来的芳香做诱饵,捕捉食物。"

之后，长者又带他去拜访一位画家朋友，也问了对方这么一个问题。

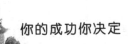

画家回答道："这两个字，会使我联想到百花争妍的野外，还有翩翩起舞的少女。芳香，能够给我的创作带来灵感。"

从那位画家朋友家中出来之后，年轻人仍不明白长者的用意。

在返回的途中，长者顺便又带他去拜访了一位久居海外、刚刚回国探亲的富商。在谈话中，长者也问了对方这么一个问题。

那位久居海外的富商动情地说："这两个字，会使我联想起故乡的土地。故乡土地的芳香，令我魂牵梦绕。"

辞别那位富商之后，长者才问那个年轻人："现在，你已经见过不少出色的人物了。那么，他们对'芳香'的认识与你相同吗？"

年轻人仍不解地摇了摇头。

长者继续问道："那他们对'芳香'的认识，有相同的吗？"

年轻人又摇了摇头。

此时，长者笑了，然后意味深长地说："其实在生活中，每一个人都有与众不同的芳香，你也一样呀，拥有自己的芳香。为什么你现在做的不像别人那么出色呢？那是因为你只是在看别人如何欣赏他们自己的芳香，而你把自己的芳香给忽视了。"

（佚名）

蟋蟀的叫声

我们在生活中专注的又是什么呢？如果我们能够清楚地知道与了解，再加上专注地倾听，就可以清晰地听到自己生命心灵深处的愿望、责任、自由与博爱。

有一位长年住在山里的印第安人因为一次特殊的机缘，接受一位纽约朋友的邀请，去纽约做客。

当纽约朋友带着印第安人走出机场准备穿越马路时，印第安人对纽约朋友说："你听到蟋蟀的叫声了吗？"

　　纽约朋友笑着说："您大概坐飞机太久了，这机场的引道连接到高速公路，怎么可能有蟋蟀的叫声呢？"

　　又走了几步路，印第安人又说："真的有蟋蟀！我清楚地听到了它们的声音。"

　　纽约朋友笑得更大声了："您瞧！那边正在施工打洞，机械的噪声那么大，怎么会听得到蟋蟀叫声呢？"

　　印第安人二话不说，走到斑马线旁安全岛的草地上，翻开一段干枯的树干，招呼纽约朋友观看那两只正在高歌的蟋蟀！

　　纽约朋友当场露出了不可置信的表情，直呼不可能："您的听力真是太好了，能在如此吵闹的环境中听到蟋蟀的叫声！"

　　印第安人说："您也可以啊！每个人都可以的！我可以向您借几个硬币来做个实验吗？""可以！当然可以！我口袋里有各种大小的硬币，您全拿去用吧！"纽约朋友很快把硬币掏出来交给印第安人。

　　"仔细看，尤其是那些眼睛原本没朝我们这儿看的人！"

　　说完话，印第安人把硬币丢到柏油路上，突然，有好多人转过头来看，甚至有人开始弯下腰来捡硬币。

　　"您瞧！大家的听力都差不多，不同的是，你们纽约人专注的是钱，而我专注的是自然与生命。所以，听到与听不到，完全在于有没有专注地倾听。"

（佚名）

给予与获得

　　寻求快乐的一个最好方法不是期望获得，付出往往可以让你觉得更快乐。

　　圣诞节时，杰克的哥哥送他一辆新车。圣诞节当天，杰克离开办公室时，一个男孩绕着那辆闪闪发亮的新车，眼神中带着羡慕，赞叹地问："先生，这是你的车？"

　　杰克点点头："这是我哥哥送给我的圣诞节礼物。"男孩满脸惊讶，支支吾吾地说："你是说这是你哥哥送的礼物，你没花一分钱？我也好希望能……"

　　当然，杰克以为他是希望能有个送他车子的哥哥，但那男孩接下来的话却让杰克十分震撼。

　　"我也希望是这样一个哥哥，能买车送给弟弟。"男孩继续说。

　　杰克惊愕地看着那男孩，冲口而出地邀请他："你要不要坐我的车去兜风？"

　　男孩兴高采烈地坐上车，绕了一小段路之后，那孩子眼中充满兴奋地说："先生，你能不能把车子开到我家门前？"

　　杰克微笑着，心想这小孩也挺虚荣的，他肯定是要向邻居炫耀，让大家知道他坐了一部大车子回家。

　　没想到杰克这次又猜错了。"你能不能把车子停在那两个阶梯前？"男孩要求。

　　男孩跑上了阶梯，过了一会儿杰克听到他回来的声音，但动作似乎有些缓慢。原来他带着跛脚的弟弟出来了，他将弟弟安置在台阶上，紧紧地抱着他，指着那辆新车。

　　只听那男孩告诉弟弟："你看，这就是我刚才在楼上告诉你的那辆新车。这是杰克他哥哥送给他的哦！将来我也会送给你一辆像这样的车，到那时候你便能去看看那些挂在窗口的圣诞节漂亮饰品了。"

杰克走下车子，将跛脚男孩抱到车子的前座。满眼闪亮的大男孩也爬上车子，坐在弟弟的旁边。就这样，他们三人开始一次令人难忘的假日兜风。

　　那次的圣诞夜，杰克体会到了"施比受更快乐"的道理。以后，他经常帮助别人，不放过任何一个机会地去给予。

（佚名）

学会承受苦难

　　哦，去面对黑夜、暴风雨、饥饿、愚弄、意外和挫折吧！

　　已故的布斯·塔金顿经常说的一句话就是："人生旅途上的任何苦难我都能够承受，但要除了一样——失明。那是我根本无法承受的。"

　　然而，就在他六十几岁的时候，有一天，当他低头看地上的地毯时，发现呈现在他眼前的色彩开始变得模糊不清，他已经无法看清花纹的样式了。他当即便去找了一位眼科专家，最终却证实了那个不幸的现实：他的视力正在渐渐衰退，有一只眼几乎完全失明了，而另一只也处在极糟的状态下。他此生最担心的一件事终究还是降临在他身上了。

　　塔金顿对这种"灾难性的打击"做何反应呢？他是不是认为"我的一生就这么毁了"呢？不，连他自身都未曾想过他还能够感到开心，甚至还不失幽默。以前，那些常常浮动在他眼前的"黑斑"令他非常苦恼，正是这些"黑斑"使他无法看清眼前的东西。可是现在，即便那些最大的黑斑在他眼前浮过的时候，他都会幽默地说："你好啊！黑斑爷爷又来了！不知道今天这么好的天气它想到哪里去！"

　　命运是否能够战胜我们的精神呢？回答是：不能！当塔金顿完全失明之后，他说："我发现自己能够接受这一事实，就像别人能够承受其他事情一样。哪怕我五种感官都已丧失功能，我知道我还可以生活在自己的思想里。因为只有我们的思想才能够看清生活，也只有在思想里才能生活，不论我们是否清楚这一点。"

为了恢复视力，塔金顿在一年之内共接受了12次手术，使用的是当地生产的麻醉剂！他有没有为此而担心呢？没有，因为他知道这些都是他必须经历的，他没有办法逃避，唯一能够减轻痛苦的方法就是勇敢地接受它。他拒绝使用医院里的私人病房，而是住在大病房里，与其他病友住在一起。他用尽一切办法使病人们感到开心，而当他必须接受几次手术时——而且他十分清楚自己将接受何种眼科手术——他仍尽力去想自己有多么幸运。他说："实在太神奇了！现在的科学已经发展到可以为人类的眼睛这么脆弱的东西做手术了！"

一般人如果经历了12次以上的手术，并且不得不在黑暗中生活，恐怕会精神崩溃。可是塔斯顿却说："我可不愿意把这次的经历拿去换一些更开心的事情。"正是这次特殊的经历教会他如何去接受无法改变的一切。他懂得了，生活带给他的一切没有一样是他自身的能力不能企及的，也没有一样是他无法承受的。这件事同时使他领悟了富尔顿所说的："失明并不可怕，可怕的是你无法承受失明。"

如果我们因此而感到无比愤慨，或牢骚满腹，根本不足以帮助我们改变那些已经无法改变的事实。可是，我们可以改变自己。我知道这一点，因为我曾亲身尝试过。

一次，我拒绝接受一件无可避免的事情，结果我做了一件傻事——我反抗它，抱怨它，我一连几个夜晚都无法安眠，而且还令自己痛苦不堪。我把所有自己不愿想起的事情都想起来了。经过一整年的自我虐待，我终于接受了这些不可改变的事实。

我应该在几年前就大声朗读出惠特曼的诗句：

哦，去面对黑夜、暴风雨、饥饿、愚弄、意外和挫折吧！就像树和动物一样。

（佚名）

幸福在于你的选择

　　乐观和悲观都是强大的力量，我们塑造和展望未来，都必须从中做出选择。

　　如果你预料某件事会很糟糕，那么它很可能真会这样。悲观的想法一般都能实现。但反过来，这个原理也同样成立。如果你料想会好运连连，通常也会这样！乐观和成功之间似乎有一种天然的因果关系。

　　我喜欢展望未来。我选择注意积极面，忽视消极面。我是乐观主义者，更多的是因为我的选择，而非天性。当然，我知道，生命中总存在着悲伤。现在，我已经70多岁了，经历过太多灾难。但是，当一切尘埃落定，我发现生命中的美好远多于丑恶。

　　乐观的态度并非奢侈品，而是一种必需。你看待生活的方式决定了你如何去感受，去表现，以及你与他人如何相处。相反，消极的思想、态度和预想也决定了这些，它们成为一种能自我实现的预言。悲观会制造一种阴沉的生活，没有人愿意活在其中。

　　几年前，我开车去一个加油站加油。那天天气很晴朗，我心情很好。当我进站付油费时，服务员对我说："你感觉怎么样啊？"这个问题有些莫名其妙，但我感觉很好，也这样跟他说了。"你脸色不大好。"他说。我十分惊讶，于是，我告诉他，我确实感觉不错，但已不再信心十足了。他毫不犹豫地继续说我脸色如何不好，连皮肤都发黄了。

　　我心神不宁地离开加油站，开了一个街区后，我把车停在路边，照着镜子看看自己的脸。我怎么了？是不是得了黄疸病了？一切都正常吗？回到家时，我开始想吐了，我的肝脏是不是出了问题？我不会染上什么怪病了吧？

　　我再次去那个加油站时，又感觉不错了，也明白了究竟是怎么一回事。这个地方最近涂了一种明亮、胆汁质的黄色油漆，灯光反射在墙壁上，让里面的人看起来像是得了肝炎。我想，不知道有多少人也有过类似的经历呢。我的心情却因为与一个完全陌生的人短暂的交谈，整整改变了一天。他告诉我，我看起来像生病了，而后不久，我真的感觉不舒服。这个消极的观点，深刻地影响了我的感受和行为。

唯一比消极更具力量的是一个积极的肯定，一个乐观和希望的言词。最令我欣慰的是，我是在一个有着乐观主义光荣传统的国度里成长的。当整体文化积极向上时，再难以置信的事也能完成。当世界看起来充满希望，人们就会在这个积极的场所，努力向上并获得成功。

乐观并不需要变得幼稚，我们可以在成为乐观者的同时，仍意识到有问题存在，有些甚至难以解决。但是，乐观使解决问题的态度有所不同！乐观会使我们把注意力从消极转向积极的、建设性的思考上。如果你是一个乐观者，会更关心问题的解决而不是毫无价值地怨天尤人。事实上，如果没有乐观主义精神，一些现存的巨大问题如贫穷，就毫无希望解决。它需要一个梦想家——一个拥有绝对乐观、矢志不移、坚定信念的人——来解决这个巨大的问题。乐观，或是悲观，在于你的选择。

（佚名）

热爱生活

要微笑着面对困难，不要让困难支配你的生活，影响你的心情。热爱生命的人，会把苦难看作是一种磨砺，在与苦难抗争的同时，人性的光彩愈加鲜明。

在一个小区里，有两个很特别的人，一位年轻人和一个残疾老人，这一老一少比邻而居。

老人一生相当坎坷，人世间的很多不幸好像都集中在他一个人身上了：年轻时由于战乱几乎失去了所有的亲人，后来参军，一条腿也在空袭中不幸被炸断，"文革"中，由于出身成分的问题，他受尽了折磨，妻子经受不了无休止的折磨，最终没能和他同舟共济，并跟他划清了界限，离他而去；不久，和他相依为命的儿子又丧生于车祸，他妻离子散，家破人亡，还是一个残疾人。所有人都认为，这位老人无依无靠，晚年如何生存？可是出乎所有人的意料，老人一直矍铄爽朗而又随和。

　　而隔壁居住的那个年轻人却与之相反，常常是愁眉苦脸，什么时候都显得很忧郁，其实他没有遇到什么大的困难，只是最近找工作找得不顺利而已。他很佩服隔壁老人的生活态度，便找了个机会到老人的家里聊起了天，并把他的愁事跟老人说了。老人并没有说什么，只是笑。

　　年轻人终于忍不住，便问："你经受了那么多苦难和不幸，可是为什么从来没有悲伤，却活得如此豁达和平和？"

　　老人无言地将年轻人看了很久，然后，将一片树叶举到年轻人的眼前："你瞧，它像什么？"

　　"这好像是白杨树叶，可是我看不出它像什么。"年轻人答道。

　　老人拿着手中的树叶对年轻人说："你看它是不是像一颗心，我觉得它就是一颗心！"

　　年轻人的心为之轻轻一颤。是的，这是真的，是十分像心脏的形状。

　　"再看看它上面都有些什么？"老人继续说道，一边说着，一边把手中的树叶更近地向年轻人凑凑。年轻人清楚地看到，那上面有许多大小不等的孔洞，就像叶子中间被针扎了很多次似的。

　　老人收回树叶，放到手掌中，用厚重而舒缓的声音说："它在春风中绽出，阳光中长大，从冰雪消融到寒冷的秋末，它走过了自己的一生。这期间，它经受了虫咬石击，以致千疮百孔，可是它并没有凋零。它之所以享尽天年，完全是因为对阳光、泥土、雨露充满了热爱，对自己的生命充满了热爱，相比之下，那些打击又算得了什么呢？"

　　年轻人豁然开朗，至今仍完好无损地保存着那片树叶。每当年轻人在人

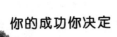
生中突遭打击的时候，总能从它那里吸取足够的冷静和力量，不论在怎样的艰难之中，总能保持一份乐观向上的精神。

（佚名）

善待每一位乘客

坚持以乐观积极的心态让自己的善言善行变成良好的习惯，人的机运也会慢慢改变。

一个年轻人要打车，正好眼前过来了一辆外表光鲜的出租车。年轻人看了精神顿时抖擞了许多，便选择了这辆出租车。上车之后，才发现这辆车不仅外面光鲜，而且里面也收拾得干净雅致，包括司机师傅，也穿戴得十分整齐，年轻人相信这会是一段很舒服的行程。

车子刚一启动，司机很热心地问车内的温度是否合适？又问他要不要听音乐或是收音机？告诉他可以自己选择自己喜欢的音乐频道。年轻人选择了爵士音乐，浪漫的爵士音乐让人精神很放松。

接着，司机的热情服务让年轻人更是大吃一惊：车上有早报和当期的杂志，前面是一个小冰箱，冰箱中的果汁及可乐，如果有需要，也可以自行取用。如果想喝热咖啡，保温瓶内甚至还有热咖啡。这些以前打车时从未遇到过的服务，让这位年轻人吃惊极了，甚至有些不敢相信，竟有如此的好事。他不禁望了一下这位司机，司机先生愉悦的表情就像车窗外和煦的阳光。

车走上了高速公路。司机又体贴地说："我是一个无所不聊的人，如果您想聊天，除了政治及宗教外，我什么都可以聊。如果您想休息或一个人看风景，那我就会静静地开车，不打扰您了。"

年轻人一肚子的惊奇，忍不住向司机问起："你什么时候开始这种服务方式的？"

司机意味深长地说："从我觉醒的那一刻开始。"

看到年轻人疑惑的眼神，司机没有停下来，继续说道："我以前经常抱怨工作辛苦，人生没有意义，但有一次，在不经意间听到广播节目里正在谈一些人生的态度，大意是你相信什么，就会得到什么，什么样的态度决定什么样的生活。如果你觉得日子不顺心，那么所有发生的都会让你觉得倒霉；相反，如果今天你觉得是个幸运的一天，那么今天每次所碰到的人，都可能是你的贵人。所以我相信，人要活得快乐，必须靠自己，要让自己改变，首先要停止抱怨。就从那一天开始，我从生活中的每一件小事开始改变。第一步我把车子内内外外整理干净，再来装一部专线电话，印了几盒高级的名片，我下定决心，要善待每一位乘客。"

目的地到了，司机下了车，绕到后面帮乘客开车门，并递上刚刚说过的名片，说声："希望下次有机会再为您服务。"

结果，司机的生意一直很红火，不管经济是多么不景气，他的生意也没有受到过影响，他的客人总是会事先预定好他的车，他的改变，不只是创造了更好的收入，而且更从工作中得到了自尊。

（佚名）

变缺陷为资本

上天在给你关了一扇门的同时，一定会为你开启另外一道门。

大多数人都知道美国总统罗斯福是一个有丰功伟业的人，他是美国历史上最伟大的总统之一，是20世纪美国最受民众期望和受爱戴的总统，也是美国历史上唯一连任 4 届总统的人。然而，很少有人知道，他是一个身体上有缺陷的人，他很小便患有小儿麻痹症。

小时候的罗斯福脆弱胆小，在课堂里总显露一种惊惧的表情，他呼吸看起来很痛苦，每次都像喘大气一样。如果被喊起来背诵，他立即会双腿发抖，嘴唇也颤动不已，回答起来，含含糊糊，吞吞吐吐，然后颓然地坐下来。如果他有一个好看的面孔，情况也许会好些，可偏偏他又是龅牙。因为这些无法控制的缺陷，让小罗斯福很敏感，他常常回避同学间的任何活动，也不喜欢交朋友，喜欢在无人的角落里自艾自怜。然而，小罗斯福知道自己有这方面的缺陷，却有着奋斗的精神。

事实上，缺陷促使他更加努力奋斗。他并没有因为同伴对他的嘲笑而减少勇气。他将喘气的习惯变成了一种坚定的嘶声；他用坚强的意志，咬紧自己的牙床使嘴唇不颤动而克服他的惧怕。

对一个人来说，最了解自己的永远只有自己，罗斯福也是如此。他很清楚自己身体上的种种缺陷，也能很好地正视这些缺陷。他不欺骗自己，他用行动来证明自己可以克服先天的障碍而得到成功。

对待缺点，他并不极端地一味去克服，能克服的缺点他尽量克服，不能克服的他便加以利用。通过不停的演讲，他学会了如何利用一种假声，掩饰他那无人不知的龅牙，以及他的好像打桩工人的不雅姿态。虽然最初他的演讲中并没有什么惊人之处，但他并没有因为自己的声音和姿态而遭遇失败。而且在当时，他却是最有力量的演说家之一。

罗斯福没有在缺陷面前退缩和消沉，而是充分、全面地认识自己，在意识到自我缺陷的同时，能正确地评价自己。他在顽强之中抗争。不因缺憾而气馁，甚至将它加以利用，变为资本，变为扶梯而登上名誉巅峰。因此直到晚年，几乎已经没有人知道他曾有严重的缺憾。

（佚名）

想自杀的年轻人

真正伟大的人，必须把自己磨炼成一个对待困难百折不挠的强者，有在哪里跌倒在哪里爬起来的顽强精神。

一个年轻男人在生活中遇到了一些困难，觉得自己活在世上实在是了无生趣，便想要自杀。于是，入夜后，他走到屋后的树林里，想上吊，一死了之。

当他把一根绳子绑在树枝上后，树枝说话了："亲爱的年轻人啊！别在我身上吊死啊，有一对小鸟夫妻正欢快地在我的枝头上筑巢呢，他们每天都开开心心地筑巢，心满意足地回去，这个巢马上就筑好了。我很高兴能保护他们。如果你在我身上上吊，我就会折断，鸟巢也就保不住了，他们这么长时间的努力就白费了。请你谅解我，并且也可怜那对小鸟吧！"

年轻人听了，被树枝的爱心感动，就放弃了这枝树枝，找到更高的另一枝树枝。当他把绳子绑上去时，这枝树枝也说话了："年轻人，请你谅解我吧！春天就要到了，不久之后我就要开花，成群的蜜蜂会飞来嬉戏、采蜜，这会带给我极大的快乐。如果你在我身上上吊，我就会被你折弯到地上，花朵就会被摧残死，那么蜜蜂们会非常失望。"

年轻人听了，只好默默地攀上了第三枝树枝。

"原谅我吧！"年轻人还没绑绳子，树枝就开口了："年轻的朋友啊！对不起，我把自己远远地伸到路上，我这茂密的树叶，就是要使疲惫的旅行者在我的底下得到一些阴凉，能够帮助别人这带给我无比的快

乐。如果你吊在我身上，会使我折断，以后我就再也不可能享有这种快乐了。"

年轻的厌世者经历了三次挫折，若有所思，他问自己："我为什么要自杀？难道我的困难非得我用死亡去解决吗？我有父母，有我挚爱的妻儿，却这样一死了之。树枝都如此热爱生活，关心身边的事物，而我……"

于是，他走出森林，乐观地活下去了。

（佚名）

第四辑　快乐是可以共享的

　　人生的旅途是在别人的扶持下走完的。当一个人对生活中的某一问题无力解决时，我们如果能够伸出热情的双手，无疑会给对方以极大的力量和信心。

至少可以……

在人的一生中会遇到很多的坎坷和灾难，只要你不逃避，用积极的态度冷静地面对和解决，就会发现，其实一切没那么可怕。

在一片茂密的森林中，小动物们的日子一直过得比较安详，平时除了几只老虎、狮子经过之外，没有出现过什么大的变故。小动物们也都懂得如何保护自己，不至于成为猛兽腹中的食物。所以，这些小动物可以安然地生活在森林中，无忧无虑，自由自在，直到终老。

但是有一天，森林里不知道什么原因发生了一场大火，大火熊熊燃烧，一发不可收拾，火舌四处飞蹿，席卷了森林中无数树木的枝叶，同时也威胁到所有小动物的生命安全。

小动物们惊慌了，拼命向森林外奔逃，希望能逃出这场大火造成的劫难。但它们却不知道，在森林的四周，早已聚集了被大火引来的无数贪婪的肉食猛兽，它们正张大了口，等候这些逃难的小动物们自己送上门来。

在这片森林的所有动物当中，只有一只小松鼠和其他的动物不同。它没有逃难。森林中有一个即将被火烤干的水塘，小松鼠毫不犹豫地跳进水塘，把自己的身体沾湿，然后奋不顾身地冲进火场，拼命抖洒着粘附在身上的水珠，希望能够缓解正在毁灭森林的火势。

一位天神看到小松鼠的举动，觉得很奇怪，他想知道这个小松鼠在干什么。于是便化身成为一位老者，来到小松鼠面前，问道："孩子，你这是在干什么？为什么不赶紧逃命？"

"我在救火。"小松鼠一边不停地往火堆上洒水珠，一边回答道。

天神说道："你不觉得你这样的做法，对大火根本无济于事的吗？"

小松鼠仍是卖力地用身体沾水、灭火，百忙中还对天神化身的老者说："也许以我的力量不足以灭火，但我相信凭借我的努力，至少可以减少森林中几只小动物的伤亡。"

　　天神被眼前的小松鼠感动了，觉得应该帮它一把，于是便降雨熄灭了这场大火，森林保住了，小动物们又过上了平静的生活。

（佚名）

无知者无畏

　　"无知者无畏"，有些事情，我们在不清楚它到底有多难时，往往能够做得更好。

　　数学王子高斯 19 岁时，曾经解出了一道有 2000 多年历史的数学悬案。这道数学难题，阿基米德没有解出来，牛顿也没有解出来，而高斯只用了一个晚上就解出来了。

　　那还是 1796 年，高斯正在德国哥廷根大学上学。

　　高斯的导师每天都会给他布置三道数学题。这天吃完晚饭，高斯立即坐在桌子旁解题。像往常一样，前两道题目高斯只用了两个小时就顺利完成了。可是，做到第三道题时，高斯越来越觉得吃力。

　　第三道题写在一张小纸条上，要求只用圆规和一把没有刻度的直尺做出正十七边形。高斯尝试了两个多小时都没能做出来。困难激起了高斯的斗志，他下定决心，一定要把它做出来！于是，他拿着圆规和直尺，不停地在纸上画着，并且尝试着用一些超常规的思路去解这道题。

　　终于，当窗口露出一丝曙光时，高斯长舒了一口气。

　　他得到了答案。

　　当高斯把作业交给导师后，导师惊呆了。

　　"这真是你自己做出来的？"导师颤抖着声音问道。

　　"是，这道题真不简单，我花了一个晚上的时间才做出来！"高斯感慨道。

他还是第一次遇到这么难解的题目。

"可是你知不知道，你解开了一道有 2000 多年历史的数学悬案？"导师的声音更加颤抖了。

"2000 多年历史的数学悬案？"这下子，高斯也有些吃惊了，"我以为，这只是您给我布置的作业！"

原来，高斯的导师正在研究这道难题，而且已经研究了很长时间都没能找出答案。就在前一天，他不小心把写有这个题目的小纸条夹在了给高斯的题目里。

多年以后，高斯回忆起这一幕时，不禁发出了感慨："如果有人告诉我，这是一道有 2000 多年历史的数学难题，我不可能在一个晚上解决它。"

（佚名）

高贵的习惯

坚强、勇敢、忍耐，这些优秀的品质，是人类的无价之宝。

在"文革"那个特殊的年代里，有一户人家，因为一些莫须有的罪名，被迫从城里流落到乡下。

朋友送他们走的时候，都惆怅万分，甚至有些人还落了泪。这对夫妻从小在城里长大，娇生惯养，从来没有干过农活，手无缚鸡之力，除了满脑子的学问，什么也不能做。更要命的是，他们还有一对幼小的儿女。儿子不到五岁，女儿还嗷嗷待哺，这下放到农村，让这一家人可怎么活啊，望着他们远去的背影，朋友们都很担心。而这对年轻夫妻的脸上却非常平静，根本看不出一丁点儿的痛苦和绝望。

过了若干年，城里的朋友决定去遥远的乡下看看这一家人。在朋友们的眼中，他们一定生活得很凄惨。于是好心的他们便凑了一些钱，到商店里买了所有能够买到的东西，大大小小装了许多包，开始朝那个偏远的村庄出发了。

汽车在坑坑洼洼的土路上颠簸了很长一段时间，才到了这个荒凉的小村庄，这个村庄没有几户人家。朋友们来之前并没有通知这家人，到了村庄经过打听，才找到了这家人住的地方。

　　他们轻轻地走到屋里，本来幻想着一副多么凄惨的场面，但是见到这家人的时候，朋友们都惊呆了。他们一家人围坐在一张破旧的八仙桌旁，桌上是新沏好的茶水，一缕淡淡的清香飘散在空气中。丈夫、妻子、儿子、女儿每人手里捧着一本书，在这样一个初夏的午后，正静静地埋头读着。

　　朋友们都知道，以前在城里的时候，男人就有这样一个习惯：每天午后，跟妻子一道沏一壶好茶，然后在茶香的氤氲中，品茗读书。没想到这么多年过去了，在这么荒凉的乡下，他们竟然还保持着这样一个高贵的习惯，几年的艰苦生活，竟没有压垮他们。

　　据说，这一家人在小村庄里一直这样精神昂扬地生活了近二十年，并没有被击垮过，一直很积极地生活着。落实政策后，男人又回到了城里，成了一所著名大学的教授，而他那一双在贫穷中长大的儿女，大学毕业后，一个留学于英国，一个留学于美国。

　　　　　　　　　　　　　　　　　　　　　　　　　　　（佚名）

迟到的医生

　　　　一位先哲曾讲过这样一句话：以害人始，必将以害己终。这是一个真理。

　　这是一个寒冷的冬夜。晚上九点钟，凡艾斯克医生突然接到一个电话。打电话的人他认识，是格兰富尔医院的海顿医生。

　　"凡艾斯克医生，我这里有一名病危儿童，他头颅中有一颗子弹，刚刚被送进医院，情况十分危急，必须立即做手术！但是你知道，我不是一名外科

医生。"海顿医生焦急地说着。

"可是，我离格兰富尔有 60 英里，要不，您问问曼沙尔医生吧，他就住在格兰富尔。"凡艾斯克说。

"曼沙尔医生不在，我这才找到了您。"海顿医生解释。

"好吧，我立即赶来！不过，这里正在下雪，可能路上会耽搁点时间，我想我在 12 点钟之前应该能够赶到。"凡艾斯克医生答应了下来。

"那就来得及！"海顿医生这才送了口气，"还有一件事，这个孩子的家里很贫穷，我想他付不起你的诊费。"

"这没关系，我马上就赶来！"说完，凡艾斯克医生就挂断了电话。

几分钟后，凡艾斯克医生的车在街道的红灯前停了下来。突然，一个穿黑色大衣的男人拉开车门，闯了进来。

"赶紧往前开，我手里有枪！"男人冷冷地说道。

"对不起，我是一名医生，我正在赶往医院为一个病危者做手术。"凡艾斯克连忙解释。

"闭嘴！"男人恶狠狠地说。

没有办法，凡艾斯克医生只得开车往前。当车子开出镇子大约一英里时，男人将医生赶下了车子，疾驰而去。风雪中的凡艾斯克医生十分愤懑，他只得快步跑回了镇子，叫了一辆出租车匆匆赶到火车站。到了车站他才知道，下一班开往格兰富尔的火车要到 12 点钟才开。

当凡艾斯克医生赶到格兰富尔的医院时已是凌晨两点，海顿医生正在焦急地等他。

"我已尽了最大努力，可我的车被打劫，只得坐火车来了！"凡艾斯克医生说完就跑进了手术室，准备立即做手术。

"不必做手术了，孩子一个小时前已经死了。"海顿医生悲伤地说道。

听了这话，凡艾斯克医生愣住了。这时，他突然发现手术室门旁坐着一个男人。男人穿着黑色大衣，脑袋深深埋在他的双手中。医生一眼就认了出来，他就是打劫自己汽车的男人。男人浑身颤抖，喉咙里传出一阵阵压抑的哽咽声。正是他，亲手断送了自己儿子唯一的生路。

（佚名）

女儿长成苹果树

母亲就是这样，不管儿女身在何方，一颗心始终牵挂着孩子。

我曾爱穿运动式的服装，喜欢卷起夹克衫的袖子，剪着款式利索、简洁的头发。总之那时我是一个完全受尊敬的亲爱的妈咪，女儿崇拜我。

可是现在一切全变了，并不是因为我的穿着或是发式变了，主要是女儿的原因，她已从一个小女孩长成一个 16 岁的大姑娘了。

我第一次发现情况不妙是那次我带女儿去商场买东西。女儿甩下我，头也不回地往前走，嘴里嚷着："她怎么这样？她怎么这样？"好像是我犯了一个天大的错儿，好像我跟一商场的人说她要买新内衣了。其实，我只不过隔着两个柜台向她喊："喂，我在女内衣部等你！"

我真没想到这样做得上什么，但是让我提醒你，对一个少女来说，买内衣的确是件举足轻重的事情，一件非常非常重要的事情。

从来没有人告诉过我这些，也从没有人告诉我做妈妈的千万不要到学校的校车车站去接孩子。那是阿丽森上初中的头一天，我兴高采烈地带着阿丽森的小妹拉瑞到车站去接她，这是我的头一个错误；我向那徐徐开过来的校车招了招手，没想到那是我犯的第二个错误；而我最糟糕的是冲她喊了她的小名——小黑。我告诉你，我已向她保证过，我再也不会当众叫她小名了。

阿丽森从校车上下来，扭过脸根本不理睬我就朝家走。我自言自语："她怎么啦？她怎么这样？"

"如果你已经像我这么大了，外婆还在汽车站去接你，你会怎样？"一进家门，她就冲着我叫道。还像只小猫似的龇牙咧嘴。我耸耸肩，我妈？在车站？哦，我想象不出，"但我不会像你这样，"我对她说，"我是一个尊敬长者的人。"女儿看着我，向我翻了个白眼，鼻子里"哼"了一声，我心里明白，我已经不再是女儿心中崇拜、尊敬的保护神了。我的毛病还有一堆，比如学校运动会上，我告诉女儿喜欢的那男孩的母亲（当着阿丽森的面）说那男孩长得很英俊。不仅如此我还邀请他们一家到我家来看我们假期拍的家庭录像片。还有一次，我在一家旧货商店的购物单上签下了她的名字。

有一天，我穿着浴衣开车跑到快餐店外卖处买了份晚餐。当时天已经黑了，没有人能看见我穿的是什么，可是我一到家，阿丽森就一个劲儿地数落我，指控我损害了她的形象。

最近，我得到许多成为受人爱戴的母亲的建议，这些宝贵的建议是我用可乐和炸土豆条从一群初中小女生那儿换来的——

第一条，善待女儿的朋友，但不要向她们提问题，她们在场的时候你千万不能唱歌，更不能跳舞。

第二条，千万不能当众谈私人琐事。径直去女内衣部给女儿买内衣，一定不要对售货小姐说那是给谁买的；安全系数还要有保证，即在离家至少要50里外的商店购买这类衣物。

第三条，千万不要用当前的流行语，甚至对于一些事物用此语描述再贴切不过也不能说。她会觉得你粗俗不堪的。

第四条，给女儿准备一个衣柜，装满她喜欢的衣服，但你可不能穿，因为那样看起来你想仿效她。

第五条，当她问起对她的发型、体重、脸型或小青春痘的看法时，不要说我是你妈，不管怎样我都会爱你之类的话，她会认为你愚蠢，在她需要指导的时候你却给她甜言蜜语。

第六条，在车里千万不要向窗外的人招手，看见女儿认识的人不要绕着走开而要迎上去。

恐怕我还要告诉你，即使你照着以上6条去做的话也难确保你在她心目中的位置稳固不变，女儿长大了，做妈妈的已不像以前那么神圣了。

几天后，这个人终于出现在了街上，作者在街上碰见这个人时，几乎认不出来了：他的面貌焕然一新，精神饱满，步伐轻快有力，头抬得高高的，他从头到脚打扮一新，再也看不出以前落魄的样子来了。

作者看到后，对于流浪汉这么短时间发生这么大的转变，感到很惊讶。走过去打了个招呼。流浪汉很兴奋地说道："那一天我离开你的办公室时还只是一个流浪汉。我对着镜子找到了我的自信，凭着自信和我以前的资历，我找到了一份年薪 9000 美元的工作。我的老板先预支一部分钱给我。现在我的家人过得很开心，我觉得我马上就会走上成功之路了。"

顿了顿，接着他又风趣地对作者说，"我正要前去告诉你，将来有一天，我一定还会去拜会你一次。我将送给你一张空白的支票，随便你填上什么数字。因为你使我认识了自己，我站在那面镜子前，真正地认识了自己，发现自己也不是一无是处，在你那里，我重新找回了自信。"

（佚名）

幸　运

一个对挫折和痛苦轻视与无畏的人，一个能够勇敢地与生命抗争的人，一定不会被命运之神所舍弃。

2004 年 5 月 23 日，青岛天泰体育场在一万两千余名听众雷鸣般的掌声中，一个"半身人"坐着滑板"飞"行至主席台右侧，一个灵巧的急刹车，他又掉头滑了回来，还未等听众从惊讶中回过神来，他已经用双掌一步步"走"上了讲台，并在演讲桌上来回"踱步"。

他叫约翰·库缇斯，一个天生下肢就没有发育的澳大利亚人，他无法安装假肢，也不能坐轮椅，一直坚持用双手走路。他是全澳洲残疾人网球赛的冠军，是游泳好手，甚至还会开汽车，他被誉为世界上最著名的残疾演讲大师，曾经到过世界上一百九十多个国家演讲。

"从我出生那天起，我就是个悲剧。"库缇斯拿起桌上的矿泉水瓶比划着，看起来他很风趣，"我出生时只有这个矿泉水瓶这么大，两腿畸形，医生说我活不过当天，可我活到了现在……35 年后，我依然健在，而且我还能自由

自在地在世界各地旅行。"

"感谢这个美丽城市的朋友们的热情招待，我下榻的宾馆条件非常好，只有一样东西让我不知所措，服务生每天都要把它放在我的床头。"库缇斯边说边把那东西抛向听众席——原来是一双一次性的拖鞋。

"如果说你能穿拖鞋的话，你是幸运的，不是每个人都能够穿拖鞋的！"库缇斯大声地说。

自尊受到伤害是一件十分痛苦的事情，所幸的是，人们看到了一个对挫折和痛苦所表现出的态度是那样轻视与无畏的人，而那个人就是库缇斯。

（佚名）

只要快乐就够了

快乐胜过黄金，只要自己感受到快乐就行了

曾经有一位犹太少年，很喜欢拉小提琴，他做梦都想成为帕格尼尼那样的小提琴演奏家。所以，他一有时间就去拉琴，可是在这方面，他实在没有天分，就连他的父母都觉得这可怜的孩子拉得实在太蹩脚了，完全不是搞音乐的料。

有一天，少年去请教一位老琴师。老琴师说："孩子，你先拉一支曲子给我听听。"

这位少年拉了帕格尼尼24首练习曲中的第三支，简直是破绽百出。一曲终了，老琴师问少年："你为什么特别喜欢拉小提琴？"

少年说："我想成功，我想成为帕格尼尼那样伟大的小提琴演奏家。"

老琴师又问道："你拉琴快乐吗？"

少年回答："我非常快乐。"

老琴师把少年带到自家的花园里，对他说："孩子，你非常快乐，这说明你已经成功了，又何必非要成为帕格尼尼那样伟大的小提琴演奏家不可？

你看，世界上有两种花，一种花能结果，一种花不能结果，不能结果的花更加美丽，比如玫瑰、郁金香，它们在阳光下开放，虽说没有任何明确的目的，这也就够了。"

少年完全明白了，快乐胜过黄金，只要自己感受到快乐就行了，没有必要非让自己成为帕格尼尼，这是给自己徒增烦恼。快乐是世间成本最低、风险也最低的成功。少年心头的那团狂热之火从此冷却下来，他仍然常拉小提琴，但不再受困于想成为帕格尼尼的梦想。

这位少年就是日后名震天下的物理学家阿尔伯特·爱因斯坦。

（佚名）

朱利亚的秘密

　　快乐就足够了，获得快乐也是一种成功，这是充满阳光的人生哲学。

朱利亚是小学五年级学生，12岁，黑黑的头发，白白的脸孔，是个漂亮的孩子。他的父亲是铁路职员，子女多，全家都靠他一点微薄的工资过着清苦的日子。他父亲觉得子女多虽是累赘，却把希望寄托在他们身上，特别是对朱利亚这个大儿子，几乎是要什么就给什么。但对他在学校的功课，却督促得很严。这是因为希望他从学校毕业后，能找到一个较好的工作，使全家生活过得好些。

父亲年纪大了，过多的操劳使他更显得衰老。他白天在铁路工作，晚上还从外面接了文件来抄写，每天要写到很晚才休息。近来，某杂志社托他书写把杂志寄给订户的封套，每500只酬金三个里拉，字体要写得很端正。这工作的确很不容易。老人常在吃饭时向家人说起："我的眼力似乎越来越不行了。做这夜工，连生命都要贴进去呢！"一天，朱利亚对父亲说："爸，我试试替你抄写吧。我的字也像你写的一样端正呢！"

"不行！你的任务是认真学习，你的功课比我写封套不知要重要多少倍呵！哪怕是剥夺你一小时的学习时间，我心里也过不去的。我感谢你的好意，但我不希望你替我抄写。以后不要再提这件事了。"

朱利亚知道父亲的脾气，也不和他争执，只暗地里想办法。

每天晚上12点钟敲过，就听见父亲移动椅子的声音，接着就听见父亲回房睡觉的脚步声。一天晚上，朱利亚等父亲睡下以后，悄悄起来穿好衣服，蹑手蹑脚走到父亲书房里，关上房门，点亮油灯，桌面上放着一叠空白的封套和杂志订户的名册，朱利亚就仿着父亲的笔迹开始抄写，心里既高兴又害怕。写了好久，封套渐积渐多，他放下笔搓搓手，又继续写下去，一面写，一面侧着耳朵听。一口气写了160只，赚到1个里拉了，才把笔放回原处，熄了灯，轻轻地回房睡觉。

他的父亲每晚都按着钟点机械地抄写，一面还想着其他事情，总要到第二天才数他抄了多少，所以，并没有发觉朱利亚代抄的事。

第二天中午，父亲很高兴地拍着朱利亚的肩膀说："喂！朱利亚！你父亲还没有像你心目中的那样老哩！昨天晚上写了两个小时，比平常多写了三分之一。我的手指还不太累，眼睛也还好使呢！"朱利亚听了虽没有说什么，心里却很快活。他想：可怜的父亲，我除了能帮他挣钱以外，还能使他高兴地以为他还没有老哩！好！以后就帮他写下去吧！

在这样的想法鼓舞下，第二天晚上，钟敲12点以后，朱利亚仍旧起来抄写。这样过了几天，父亲还是没有察觉，只是在一天晚餐的时候说："真奇怪！近来灯油忽然多用了不少！"

朱利亚吃了一惊。幸好父亲再没有说什么。那天晚上，他还是接着抄写下去。

但是，朱利亚由于每天熬夜，睡眠不足，结果早上总是不想起床，晚上复习功课总打瞌睡。有一晚，朱利亚竟平生第一次伏在桌子上睡着了。"喂！起来！起来做作业啦！"父亲拍着他的肩膀叫醒他。朱利亚张开眼睛，看见父亲站在面前，很不好意思地低头继续学习。可是，连续几晚复习时，他都要打盹或睡觉，平时也总是带着倦容，好像很累似的。父亲开始注意他了，严肃地提醒他。终于，向来和颜悦色的父亲也忍不住动了气："朱利亚！我真不能容忍了！你简直变成另一个人了。你要记住，全家的希望都寄托在你身上。我很不满意你近来的表现，你懂吗？"

朱利亚有生以来没有受过父亲这样的责备，心里很难过。他暗地里说："真的，再不能这样下去了，到此为止吧！"

那天，晚餐桌上父亲很高兴地宣布："你们知道吗？这个月比上个月多挣了 32 个里拉呢！"一面从抽屉里拿出一袋糖果，说是买来庆祝的。弟妹们都拍手欢呼起来，津津有味地吃着很久没有吃过的糖果。朱利亚心里受到很大的鼓舞，心里想："呵！可怜的爸爸！我还是不能不瞒着你，白天多用点功，晚上还是要继续干，为了你，也为了全家。"

父亲又压低声音说："32 个里拉虽然很好，可是，朱利亚，我觉得对你实在没有办法了。"朱利亚忍住快要迸出来的眼泪，默默地承受着责备，但他心里还是高兴的。

从此以后，他还是尽力工作着。可是，疲劳却变本加厉地缠着他。这样又过了两个月，父亲的眼色更可怕了。

有一天，父亲到学校去找级任老师问个究竟，老师说："他的成绩还是过得去，因为他的天资还是聪明的。可是，他没有以前用功了，上课时总是打呵欠想睡觉，思想不集中，叫他作文，只是短短地写了一点就交卷，字也写得潦草了。他本来是可以做得更好的。"

那天晚上，父亲把朱利亚叫来，用更严厉的态度对他说："朱利亚！你知道我为了养活全家是在怎样拼命地干哪！可是，你的学习竟这样令我失望，你对得起我吗？对得起你的母亲和弟妹吗？"

"呵！不！爸爸，请不要这样说。"朱利亚噙着眼泪说，他正想把两个多月来的经过和盘托出，父亲拦住他的话头说："你应该知道家里的情况，一家人要省吃俭用才能维持下去。我不是那样努力做着双份的工作吗？这个月本来指望铁路局发下 100 里拉奖金的，今天才知道，这笔奖金不发了。"

朱利亚听了，又把刚才要说的话咽下去，自己心里说："还是不要说的好，继续暗中帮助父亲工作吧！对不起他的地方，从别处去补偿吧！学校的功课一定要及格，非升级不可！但现在最主要的是帮助父亲，养活全家，必

须全力减轻父亲的负担。"

又过了两个月。儿子这边更拼命地干,父亲那边却更严厉地责备。最令人痛心的是,父亲的态度日渐冷淡。他认为这个儿子已不可救药,没有指望了。从此不再和他说话,甚至不愿意见到他。朱利亚心里十分痛苦,有时从后面望着父亲佝偻的背影,几乎要扑过去跪在父亲面前请求宽恕。悲哀和疲倦折磨得他脸色苍白,学校功课也越来越赶不上了。他自己也知道非停止夜工不可,每晚睡觉的时候,常对自己说:"从今晚起,真的不再起来抄写了。"可是,一到12点钟父亲就寝以后,刚下的决心又动摇了,好像如果不起来抄写,就是放弃了自己对家庭的责任,就是偷用了家里1个里拉的钱。他想,父亲总有一天会发现的,或者在检数封套的时候会认出他的笔迹来,那时,父亲便会原谅的。因此,他还是每晚起来抄写。

有一天晚餐的时候,母亲发现朱利亚的脸色更加苍白了,便关心地说:"朱利亚,你有病是吧?脸色多不好呵!孩子,你觉得哪里不舒服呀?"说着,又忧虑地看着丈夫,要他想办法关心一下。

父亲向朱利亚瞟了一眼说:"即使有病也是他自作自受,他以前做好学生和好孩子的时候,并不是这样的。"

"但是,他真是有病了!"母亲叹口气争辩说。

"我早已不管他了。"

朱利亚听了,心里像刀割一样地痛苦。"父亲竟不管我了,以前我偶一咳嗽就问长问短的父亲,现在已不理我了。呵!毫无疑问,我在父亲心目中已经死了。父亲,我没有你的爱是活不下去的,我说出来吧,不再瞒你了。只要能重新得到你的爱,我一定要比从前加倍努力的,这次可真要下决心了!"

可是,晚上由于习惯的力量已超过他的决心,他还是按时起来了,想在这静夜中向在其中秘密工作了几个月的小房间做最后的告别。他点上灯,看见小桌上空白的封套和那些熟悉的人名、地址,心想从此再也不写了,但又感到难舍难分,便又坐下来开始写。一不小心,把一本书碰落在地,这时满身的血好像突然集中到心脏里来:如果父亲被惊醒了怎么办?当然这不是做什么坏事,自己早就想告诉父亲的;但是,如果这黑夜中传出的声音把父亲惊醒,他起来发现了我,母亲也会惊醒,那么,父亲将会为几个月来对我的愤怒和失望，感到怎样懊悔和惭愧呵！他这样想着，竟有点不安起来了。他侧着耳朵，屏住呼吸静听。没有什么声响，家人都在静静地睡觉，心里这才镇定下来，继续抄写。封套一张接一张地堆积起来。不时，门外传来警察有节奏的皮靴声，还有"隆隆"通过又渐渐远去的马车声，一会又有一列火车通过的轧轧声。响过以后，一切又归于寂静，只是有时远处传来几声犬吠。他还是聚精会神地抄写着。

其实，父亲早已站在他背后了。刚才，父亲被书册掉地的声音惊醒了，已起来好一阵，只是那马车、火车通过的声音，把父亲的脚步声和开门声掩盖了。这时，父亲白发苍苍的头俯在朱利亚黑头发上面，看那钢笔尖在纸上飞速地移动。父亲对几个月来发生的种种事情完全明白了，一种懊悔同时又无限怜悯的情感占据了他的心，使他钉在儿子背后，一动不动。

朱利亚忽然觉得有一双颤抖着的手臂抱住他的头，不禁"呀！"的一声惊叫起来。他听到父亲哭泣的声音，转过身来抱着父亲说："爸爸！原谅我！请您原谅我！"

父亲含泪吻着他的额头说："孩子！你原谅我吧！一切都明白了，真对不起你！来吧！"说着，扶着儿子走到母亲床前。

"你吻吻我们的小天使吧！可怜的孩子，三四个月来，他竟暗地里为全家挣面包，而我却一味责骂他呢！"

母亲起来把朱利亚紧紧抱在怀里，说："宝贝！快去睡吧！快去睡吧！"又向父亲说："你陪他去睡吧！"

父亲陪他到卧室里，替他放好枕头，盖上被子。朱利亚说："爸爸，谢谢你！你也睡吧，我已经很满足了。"

可是，父亲还是拉着儿子的手，伏在床边说："睡吧！睡吧！我的孩子！"

朱利亚因为疲劳过度，很快就睡着了；几个月来没有好好地睡过一晚，竟做了许多快乐的梦。当他睁开眼睛时，太阳照满了一屋子，他发现满头白发的父亲就靠在床边。原来，父亲把头贴近儿子的胸前，就在床边睡着了。

（佚名）

快乐的秘方

> 每个人心中都有快乐的基因，有的人之所以缺少快乐，只不过是因为缺少好的心态。生活中缺少的，是发现快乐的眼睛，是感受快乐的心灵

从前有一位富翁非常有钱，却常常自怜。他认为自己空有钱财，从来没有体会过真正的快乐。

富翁常常想："我有很多钱，可以买到许多东西，为什么却买不到快乐呢？如果有一天我突然死了，留下一大堆钱又有什么用呢？不如把所有的钱拿来买快乐，如果能买到一次真正的快乐，我死也无憾了。"

于是，富翁变卖了大部分家产，换成一小袋钻石，放在一个特制的锦囊中。他想："如果有人能给我一次纯粹的快乐，即使是一刹那，我也要把钻石送给他。"

富翁开始旅行，到处询问："哪里可以买到全然快乐的秘方呢？什么才是人间纯粹的快乐呢？"

他的询问总是得不到令他满意的解答，因为人们的答案总是庸俗的：有金钱就会快乐；有权势就会快乐；拥有越多就越快乐。

这些东西富翁早就有了，却没有快乐，这使他更疑惑："难道这个世界没有真正的快乐吗？"

有一天，富翁听说在偏远的山村里有一位智者，无所不知，无所不通。他就跑进村找那位智者。

智者正坐在一棵大树下闭目养神。富翁问："智者！人们都说你是无所不知的，请问在哪里可以买到快乐的秘方呢？"

"你为什么要买快乐的秘方呢？"智者问道。

富翁说："虽然我很有钱，可是很不快乐，这一生从未经历过真正的快乐。如果有人能让我体验一次，即使只是一刹那，我也愿把全部的财产送给他。"

智者说："我这里就有全然快乐的秘方，但是价格很昂贵，你准备了多少钱，可以让我看看吗？"

富翁把怀里装满钻石的锦囊拿给智者，没有想到智者看也不看，一把抓住锦囊，跳起来就跑掉了。

富翁大吃一惊，过了好一会儿才回过神来，大叫："抢劫了！救命呀！"可是在偏僻的山村根本没人听见，他只好死命地追赶智者。

他跑了很远的路，跑得满头大汗、全身发热，也没有发现智者的踪影，他绝望地跪倒在山崖边的大树下痛哭。想到费尽千辛万苦，花了几年的时间，不但没有买到快乐的秘方，大部分的钱财又被抢走了。

富翁哭到声嘶力竭，站起来的时候，突然发现被抢走的锦囊就挂在大树的枝丫上。他取下锦囊，发现钻石都还在。一瞬间，一股难以言喻的、纯粹的、真正的快乐充满他的全身。

这时，躲在大树后面的智者走了出来，问他："你刚刚说，如果有人能让你体验一次真正的快乐，即使只是一刹那，你愿意送给他所有的财产，是真的吗？"

富翁说："是真的！"

"刚刚你从树上拿回锦囊时，是不是体验了真正的快乐呢？"智者又问。

"是呀！我刚刚体验了真正的快乐。"

智者说："好了，现在你可以给我所有的财产了。"

智者一边说一边从富翁手中取过锦囊，扬长而去。

（佚名）

热爱生命

热爱生命的人，会把苦难看做是一种磨砺，在与苦难抗争的同时，人性的光彩愈加鲜明。

在一个小区里，有两个很特别的人，一位年轻人和一个残疾老人，这一老一少比邻而居。

老人一生相当坎坷，人世间的很多不幸好像都集中在他一个人身上了：年轻时由于战乱几乎失去了所有的亲人；后来参军，一条腿也空袭中也不幸被炸断；"文革"中，由于出生成分的问题，他受尽了折磨，妻子经受不了无休止的折磨，最终没能和他同舟共济，并跟他划清了界限，离他而去；不久，和他相依为命的儿子又丧生于车祸，他妻离子散，家破人亡，还是一个残疾人。

所有人都认为，这位老人无依无靠，晚年如何生存？可是出乎所有人的意料，老人一直矍铄爽朗而又随和。

而隔壁邻居的那个年轻人却与之相反，常常是愁眉苦脸，什么时候都显得很忧郁，其实他没有遇到什么大的困难，只是最近找工作找得不顺利而已。他很佩服隔壁老人的生活态度，便找了个机会到了老人的家里聊起了天，并把他的愁事跟老人说了。老人并没有说什么，只是笑。

年轻人终于忍不住，便问："你经受了那么多苦难和不幸，可是为什么从来没有悲伤，却活得如此豁达平和？"

老人无言地将年轻人看了很久，然后，将一片树叶举到年轻人的眼前："你瞧，它像什么？"

"这好像是白杨树叶，可是我看不出它像什么？"年轻人答到。

老人拿着手中的树叶对年轻人说："你看它是不是像一颗心，我觉得它就是一颗心！"

年轻人的心为之轻轻一颤。是的，这是真的，是十分像心脏的形状。

"再看看它上面都有些什么？"老人继续说道，一边说着，一边把手中的树叶更近地向年轻人凑凑。年轻人清楚地看到，那上面有许多大小不等的孔洞，就像叶子中间被针扎了很多次似的。

老人收回树叶，放到手掌中，用厚重而舒缓的声音说："它在春风中绽出，阳光中长大。从冰雪消融到寒冷的秋末，它走过了自己的一生。这期间，它经受了虫咬石击，以致千疮百孔，可是它并没有凋零。它之所以享尽天年，完全是因为对阳光、泥土、雨露充满了热爱，对自己的生命充满了热爱。相比之下，那些打击又算得了什么呢？"

年轻人豁然开朗，至今仍完好无损地保存着这片树叶。每当年轻人在人生中突遭打击的时候，总能从它那里吸取足够的冷静和力量，不论在怎样的艰难之中，总能保持一份乐观向上的精神。

（佚名）

苦恼的小和尚

世上有很多事是无法提前的，唯有认真地活在当下，才是最真实的人生态度。

寺庙里有个小和尚，他的工作就是负责每天早上清扫寺庙院子里的落叶，可是这个工作，让小和尚很是苦恼。尤其秋冬之际，明明前一天打扫的很干净的院子，第二天又是满地的落叶，这让小和尚一点成就感也没有，头痛不已。他竭力思考，每天都在想办法，而且还讨教庙里的师兄弟：如何能让自己轻松些？

后来，主持知道了这件事情，就找他谈话。小和尚很老实，就实话对住持说了，说这工作繁琐和重复，每天都打扫得干干净净，第二天还是满地都是。住持听后跟他说："你在明天打扫之前先用力摇树，把落叶统统摇下来，后天就可以不用扫落叶了。"

小和尚一听，觉得这个方法真是好，还是主持高明。

于是第二天他起了个大早，连脸都顾不得洗，直接奔到后院，使劲地摇树。他觉得把一个树上的树叶都摇下来了，这样一次扫干净，以后就不用那么辛苦了。他把地面扫干净后，才放心地回去吃饭，一整天小和尚都非常开心。

第二天，小和尚到院子一看，不禁傻眼了：昨天的功夫全都白费，院子里如往日一样落叶满地。

小和尚苦恼极了，就去找主持，主持说："傻孩子，你知道我为什么给你出那个主意吗？就是要让你明白：无论你今天怎么用力，明天的落叶还是会飘下来。你这样预支烦恼是没有用的。"

小和尚终于明白了，世上有很多事是无法提前的，唯有认真地活在当下，才是最真实的人生态度。

（佚名）

美丽花园的篱笆墙

美丽的花园有了篱笆墙，迟早会变得荒芜；不懂得分享的人，封闭的心灵会变得荒芜，会让快乐和幸福远离。

贝斯太太是美国一位有钱的贵妇人，她在亚特兰大城外修了一座花园。花园又大又美，吸引了许多游客，他们毫无顾忌地跑到贝斯太太的花园里游玩。

年轻人在绿草如茵的草坪上跳起了欢快的舞蹈，小孩子扎进花丛中捕捉蝴蝶，老人坐在池塘边垂钓，有人甚至在花园当中支起了帐篷，打算在此度过他们浪漫的盛夏之夜。贝斯太太站在窗前，看着这群快乐得忘乎所以的人们，看着他们在属于她的园子里尽情地唱歌、跳舞、欢笑。她越看越生气，就叫仆人在园门外挂了一块牌子，上面写着：私人花园，未经允许，请勿入内。

可是这一点也不管用，那些人还是成群结队地走进花园游玩。贝斯太太只好让她的仆人前去阻拦，结果发生了争执，有人竟拆走了花园的篱笆墙。

后来贝斯太太想出了一个绝妙的主意，她让仆人把园门外的那块牌子取下来，换上了一块新牌子，上面写着：欢迎你们来此游玩，为了安全起见，本园的主人特别提醒大家，花园的草丛中有一种毒蛇。如果哪位不慎被蛇咬伤，请在半小时内采取紧急救治措施，否则性命难保。最后告诉大家，离此地最近的一家医院在威尔镇，驱车大约 50 分钟即到。这真是一个绝妙的主意，那些贪玩的游客看了这块牌子后，对这座美丽的花园望而却步了。

可是几年后，有人再往贝斯太太的花园去，却发现因为园子太大，走动的人太少而真的杂草丛生、昆虫横行，而且真的有了毒蛇，几乎荒芜了。

孤独、寂寞的贝斯太太守着她的大花园，她开始怀念起那些曾经来她的园子里玩得快乐的游客。

篱笆墙的存在是向别人表示这是属于自己的"领地"，要进入必须征得主人的同意。贝斯太太用一块牌子为自己筑了一道特别的"篱笆墙"，随时防范别人的靠近。这道看不见的篱笆墙最终使她美丽的花园荒芜了。

（佚名）

厨子和银行家

一切，只要我们满足而快乐就已经足够。

一个留学生在纽约华尔街附近的一间餐馆打工。

这天，他雄心勃勃地对着餐馆大厨说：总有一天我会打进华尔街！

"年轻人，你毕业后有什么打算？"大厨听了好奇地问道。

"毕业后，我就要进入一流的跨国企业工作，不但收入丰厚，而且前途无量。"留学生立即满怀憧憬地说道。

"我不是问你的前途，我是问你将来的人生兴趣。"大厨摇了摇头。

"人生兴趣？"留学生一时无语，他实在不理解大厨的意思。

"如果经济继续低迷下去，餐馆不景气，那我就只好去做银行家了。"大厨叹了口气，小声地说道。

"银行家？"留学生惊得目瞪口呆，甚至疑心自己的耳朵出了毛病。

"我以前就在华尔街的一家银行上班，披星戴月，早出晚归，没有半点儿自己的业余生活。"银行家讲起了自己在华尔街的一段岁月，表情十分悲苦。"其实，我一直都很喜欢烹饪，但是由于工作繁忙，我根本无暇烹饪，每天都在吃着令人生厌的快餐充饥。终于有一天，当我在写字楼里忙到凌晨两点时，我决心辞职了。"

听了这话，留学生更加吃惊了。他怎么都不能把眼前这个满身油烟味儿的厨子和银行家联想到一起。

"现在我的生活十分愉快，要比以前的生活愉快百倍！"说到这里，大厨会心地笑了起来。望着大厨那幸福的笑容，留学生似乎也明白了人生的兴趣所在。

这位大厨的故事，一定会让很多人觉得不可思议。绝大多数人在选择工作时，一看体面二看收入，两者兼得就足以在人前人后风光炫耀了。其实，自我价值的实现不必通过与别人比较来证实，更不需要别人肯定来满足。

一切，只要我们满足而快乐就已经足够。

（佚名）

永恒的爱

母亲给予我们生命，母亲让我们懂得怎样做人，是母亲给了我们生命的最初体验，也是母亲教我们如何面对人生。

跟着母亲走进医生办公室时，我感觉口干舌燥，猛然跌坐在母亲旁边的一把软椅子上。医生并没用听诊器，只是在一个堆满小装置小发明的房间里来分析有学习障碍的学生。那天他给我做了全面检查。

医生不紧不慢地翻看着病历，然后推了推金丝边的眼镜说："我很遗憾地告诉你，杜夫人，彼得患的是难语症，比较严重。"

我局促不安，几乎要窒息了，并努力使自己的心情平静下来。医生接着说："他顶多能读到四年级。因为他无法上高中，所以我建议你还是让他去上职业学校吧，那样，他能学到一些手艺。"

我不要去职校，我还要像爸爸一样当牧师呢。我强忍住泪水。12岁了，已经是大孩子，不能再哭了。

妈妈站了起来，我也跟着从椅子上跳了起来。"谢谢您，医生！"她说，"走吧，彼得。"

我们没再说什么，便开车回了家。我麻木了。难语症？直到上周我才听说还有这么一种病。的确，我总是班里反应最慢的一个，灌木丛是我课间的一个特别藏身之处，我会躲在那里，偷偷地流泪，无论我怎么努力，成绩总是不尽人意。

当然了，我从未把这些事情告诉妈妈，那样会让我很窘的，况且，我也不想让她为我担心，她在学校里上课已够让她心烦的了，而且还要照顾爸爸和我们兄弟姐妹四人。

我和妈妈到家时，其他人都还没回来。我很高兴，可以一个人静静地待一会儿。我低头脱下外套，把它挂到壁橱里。当我转过头去时，母亲正站在那儿默默地看着我，一句话也不说，眼泪簌簌地滑过她的脸。看到她哭得那么伤心，我心里难受极了。不知为什么，我扑到她的怀里像个孩子似的大哭起来。几分钟后，她把我带到客厅的沙发那儿。

"坐下吧，亲爱的，我想和你聊聊。"

我用袖口抹了抹眼泪，等着她开口，我的手不由自主地摆弄着裤子上的皱褶。

"你都听到了，医生说你不能完成学业，但我不相信。"

我停止了哭泣，盯着她看。她微笑着，那漂亮的蓝眼睛温柔地注视着我，在这温柔的背后隐藏着她无比坚强的意志。"我们必须齐心协力，我想我们一定能成功。现在我知道问题的症结所在，我们要努力克服它。我打算给你请一位懂得如何应对难语症的家庭教师。每天晚上和周末我陪你一起学习。"她凝视着我说："彼得，你想努力学习吗？你愿意尝试一下吗？"

一道希望的曙光，照亮了我那无法预知的未来生活。"妈妈，我愿意尝试。"

接下来，我们捱过了艰苦的六年。家庭教师一周教我两次，直到我能结结巴巴地读下所学的课程。妈妈每晚陪我坐在小书桌旁，复习当天学校里学的课，每晚要两个小时，有时甚至会到半夜，我们反复地做试卷上的习题，最后头昏得都看不清卷子和书上的字了。每周至少两次，我都想中途放弃了。我的意志时而坚强时而脆弱，而母亲却从未动摇过。

每天她都早早起床，为我的学业祈祷。我千万次地听她说："仁慈的上帝啊，开动他的脑筋，让他记住我们学过的所有知识吧。"

她对我的要求已远远超出了学校所要求的读、写、算的基本三项技能。在州里举办的演讲比赛中，我两次获奖。我参加了学校的活动，并获得了地方电台播音员资格证书。

在我上高中时，母亲患上了慢性偏头疼，她说是压力过大所致。有时头疼得厉害，她不得不躺在床上，但晚上她还是照旧穿着睡袍来到我房间，手上攥着一包冰块，陪我学习。

我顺利地通过了高中毕业考试，我们激动得又哭又笑。毕业前两天，我向父母提及了基督教神学院，我说我想去那所学院读书，可又怕进不去。

妈妈说："申请我们镇里那所神学院吧，你还可以住家里，我仍能和你一起学习。"

我激动得说不出话来，紧紧地拥抱了她。

毕业后的一星期，妈妈的头疼得更厉害了，如刀割一般。但即使疼得再严重，她也不表现出来。那天晚上，她以为是偏头疼又发作，就上床休息了。父亲努力想把她唤醒，她却完全失去了知觉。

几小时后，一位穿白大褂的医生对我们说母亲是动脉瘤恶化，出现了大出血。我们已经无法挽回她的生命，两天后母亲便去世了。

我几乎难以承受失去母亲的巨大悲痛。接连几个星期，我整夜在地板上踱来踱去，时而哭泣，时而发愣。没有了母亲，我的未来将会怎样？她是我的双眼，我的生命，是我最知心的人。我是否还要去神学院呢？一想到未来的一切都要靠我自己，一种莫名的恐惧袭上心头。但是，在我的内心深处，我坚定了要走好下一步的信念，为了我的母亲。

我把第一学期的教材和大纲带回了家。坐在小书桌前，我颤抖着双手打开历史课本，开始读第一课。突然，我看了一眼母亲常坐的那把椅子，上面空空的，但我的心却十分踏实。

母亲的祝福时刻伴随着我，我能感觉到她就在我左右，并能感受到她对我的信任。

在大学毕业典礼发言时，我讲道："我在神学院的求学生涯中，得到过许多人的帮助，使我得以顺利地读完大学。对我给予帮助和鼓励最大的人此刻正在天堂遥望着我，我要对她说：'感谢您，妈妈！是您对上帝和对我的信任，才使我能有今天的成就，您将永远在我的心中。'

（佚名）

母亲的手

> 人间的真情和爱恋，往往是在我们亲身体验之后方能真正的了解和感知。

十几岁的孩子与母亲生活在截然不同的两个世界里，他的世界由母亲监控着。当然，几乎每个人都曾生活在这样的世界里，这是无法避免的困惑。

如今，我也处于这样的监控地位，女儿十几岁时，我便开始用另一种眼光去看待我的母亲。有时，我甚至期望时间停滞，让母亲停止衰老，不再让她无休止地唠叨。

我们在餐桌旁坐着，阳光照射进来，射在地板上形成马赛克图案。女儿安娜坐在我母亲身边。

"瑞克什么时候到?"母亲问起了我丈夫。

"我也不知道，妈妈，"我耐心地答道，"反正他会来这儿吃饭。"

我叹口气，站了起来。在短短的几分钟里，她已经问了不止 10 次。

母亲和女儿在玩强手棋，我则忙于做沙拉。

"不要放洋葱，"妈妈说，"你知道，你爸爸最讨厌洋葱了。"

"知道了，妈妈。"我回答着，随手又将洋葱放回冰箱。

我洗好了一个胡萝卜，准备把它切成小块。我用力切着，一片萝卜掉到了地上。

"千万别往沙拉里放洋葱，"她提醒我道，"你知道你爸爸最讨厌洋葱了。"

这一次，我没有吭声。

我只是流着泪不停地切着，剁着。要是我能把这些年流逝的时光一扫而光该多好，那将抚平岁月在母亲脸上和手上留下的印记。

母亲一直都特别美，现在也是。事实上，母亲基本没什么变化，只是有些健忘。我试图劝慰自己，这不是问题，如果她精力能集中，就不会这样唠叨了，她并没其他毛病。

我把黄瓜根切下，用它在黄瓜上摩擦以消除苦味。白色汁液从侧面渗出来。如果一切痛苦和不快都能这么简单地消除，那岂不是太好了？切掉，然后摩擦。这个小窍门是从母亲那儿学来的，除此之外，我还学到了好多事情：做饭、缝纫、约会、微笑和思考。我学会了怎样成长，也学会了一些处理感情问题的艺术。

我知道，只要有母亲在身旁，就没什么令我恐惧的。

那为什么我现在感觉恐惧呢？

我端详着母亲的手。她的指甲不那么红了，但却涂成了淡淡的粉色，那颜色淡得几乎看不清。此时，我发觉自己不仅仅是在看这双手，而是在感觉和品味这双曾塑造我青春的手。不知多少次，这双手为我盛来午餐；也不知多少次，这双手为我拭去脸上的泪水。正是这双手在我生命中的每一天给我信心。

我转身把黄瓜扔进碗里的那一刹那，心不禁一颤，我的手已成了母亲的那样。

这双手曾为别人做了无数顿饭，曾在女儿上学的第一天，握住她那受惊的手，为她拭去脸上的泪水。

我舒畅多了。我能感觉到母亲向我道晚安时的热吻，当她检查窗子是否关严时，会站在门口再给我一个飞吻。后来，我也成了母亲，并用同样的手也给安娜同样的飞吻。

窗外一切如故，婆娑的树影如迷宫一般。

终究有一天我的女儿会站在这儿，而我则会在母亲的座位上休息。到那时我还会记得既为人母又为儿女的感觉吗？我也会一个问题问无数次吗？

我走过去，坐在母亲和女儿中间。

"瑞克在哪儿呢？"母亲问道，并把自己的手挨着我的手放在桌子上。我们之间的距离与我儿时相比要小得多，几乎可以说是没有距离的。

那一刻我知道她想起来了。她自言自语了一会儿，但终究还是想起来了。

"他会来的。"我笑着答道。

母亲也冲我笑了，那凝结着笑容脸，像女儿的一样可爱。

然后，她耸了耸肩，掷起了骰子。

（佚名）

我管定了

养成了乐于助人的习惯，在生活中你会更受欢迎，也会得到别人更多的帮助和配合。

当我在俄亥俄州、哥伦比亚当音乐台主持人时，回家的路上我常常到大学医院或格兰医院去。我会沿着长廊走到不同人的病房，为他们读圣经且和他们说话。那是一种让我忘记自身问题的方法，也表示了我对上帝赐给我健康的感激。对我拜访的人而言，那有很大的作用，有一次它甚至救了我的命。

我在主持节目时非常好议论。在一次评论中得罪了一位主办人，因为他带了一群不属于某特别团体原组成人员的表演艺人到城里来表演。揭发了这件事后，他竟叫人来找我算账！

有一天夜里，我刚结束在夜总会中的主持工作，在凌晨两点回到家。正在打开门时，有个男人从我房子的后方走来，问："你是雷斯·布朗吗？"

我说："是的，先生。"

他说："我必须跟你谈谈。有人叫我来这儿，教训你一下。"

"我？为什么？"我问。

他说："是这样的。有位主办人对你所说的到城里来的那个团体不是真的那个团体，让他损失不少钱，感到很恼火。"

"你会对我做什么吗？"我问。

他说："不。"

我没问他为什么，因为我不要让他改变他的心意！我只是很高兴！

他继续说："我的母亲住在格兰医院时曾写信给我，说有一天你走进去坐在她身旁，跟她说话，并且读圣经给她听，她印象很深刻。那天早上你这位音乐台主持人不认识她，却走进来为她做这些事。我在俄亥俄监狱时，她写信给我，把你所做的事告诉我。我很感动，一直想来见你。当我听到有人想要揍你时，我说我管定了这档事，然后叫他们离你远一点。"

（佚名）

快乐是可以共享的

　　人生的旅途是在别人的扶持下走完的。当一个人对生活中的某一问题无力解决时，我们如果能够伸出热情的双手，无疑会给对方以极大的力量和信心。

当我还是个少年的时候，父亲曾带着我排队买票看马戏。排了老半天，终于在我们和售票口之间只隔着一个家庭。这个家庭让我印象深刻：他们有八个在 12 岁之下的小孩。

他们穿着便宜的衣服，看来虽然没有什么钱，但全身干干净净的，举止很乖巧。排队时，他们两个两个成一排，手牵手跟在父母的身后。他们很兴奋地叽叽喳喳谈论着小丑、大象，今晚必是这些孩子们生活中最快乐的时刻了。

他们的父母神气地站在一排人的最前端，这个母亲挽着父亲的手，看着她的丈夫，好像在说："你真像个佩着光荣勋章的骑士。"而沐浴在骄傲中的他也微笑着，凝视着他的妻子，好像在回答："没错，我就是你说的那个样子。"

卖票女郎问这个父亲，他要多少张票？他神气地回答："请给我 8 张小孩的两张大人的，我带全家看马戏。"

售票员开出了价格。

这人的妻子扭过头，把脸垂得低低的。这个父亲的嘴唇颤抖了，他倾身向前，问："你刚刚说是多少钱?"售票员又报了一次价格。

这人的钱显然不够。

但他怎能转身告诉那八个兴致勃勃的小孩，他没有足够的钱带他们看马戏?

我的父亲目睹了一切。他悄悄地把手伸进口袋，把一张20元的钞票拉出来，让它掉在地上（事实上，我们一点儿也不富有!），他又蹲下来，捡起钞票，拍拍那人的肩膀，说："对不起，先生，这是你口袋里掉出来的!"

这人当然知道原因。他并没有乞求任何人伸出援手，但深深地感激有人在他绝望、心碎、困窘的时刻帮了忙。他直视着我父亲的眼睛，用双手握住我父亲的手，把那张20元的钞票紧紧压在中间，他的嘴唇发抖着，泪水忽然滑落他的脸颊，答道："谢谢，谢谢您，先生，这对我和我的家庭意义重大。"父亲和我回头跳上我们的车回家，那晚我并没有进去看马戏，但我们也没有徒劳而返。

（佚名）

我叫解放军

　　受人救助后，知恩图报，这是优良道德的表现。一个懂得感谢的人才会乐于助人。

　　"雷锋出差一千里，好事做了一火车"。这是人们对雷锋乐于助人优良品质的褒扬。从 1961 年开始，雷锋经常应邀去外地做报告，他出差的机会多了，为人民服务的机会就多了。

　　一次，雷锋外出在沈阳站换车的时候，一出检票口，发现一群人围看一个背着小孩的中年妇女，原来这位妇女从山东去吉林看丈夫，车票和钱丢了。雷锋用自己的津贴费买了一张去吉林的火车票塞到大嫂手里。大嫂含着眼泪说："大兄弟，你叫什么名字，是哪个单位的？"雷锋笑着说："我叫解放军，就住在中国。"

　　五月的一天，雷锋冒雨要去沈阳。他为了赶早车，早晨五点多就起来，带了几个馒头就披上雨衣上路了。路上，看见一位妇女背着一个小孩，手里还领着一个小女孩也正艰难地向车站走去。雷锋脱下身上的雨衣披在大嫂身上，又抱起小女孩陪他们一起来到车站。上车后，雷锋见小女孩冷得发颤，又把自己的贴身线衣脱下来给她穿上，雷锋估计她早上也没吃饭，就把自己带的馒头给她们吃。火车到了沈阳，天还在下雨，雷锋又一直把她们送到家里。那位妇女感激地说："同志，我可怎么感谢你呀！"雷锋笑着说："不用谢，解放军同志都会这样做的。"

　　过年的时候，战友们愉快地在一起搞各种文娱活动。雷锋和大家在俱乐部打了一阵乒乓球，就想到每逢年节，服务和运输部门是最忙的时候，这些地方是多么需要人帮忙啊。他放下球拍，叫上同班的几个同志，一起请假后直奔附近的瓢儿屯车站。到了车站以后，他们就开始忙起来了。这个帮着打扫候车室，那个给旅客倒水，雷锋把全班都带动起来了。

雷锋就是选择永不停息地，全心全意地为人民做好事，他助人为乐，任劳任怨，从来没有向困难低过一次头，向人民叫过一次苦。难怪人们如今一见到为人民做好事的人就想起雷锋。

（佚名）

养成幸福的习惯

　　快乐是养生的唯一秘诀，常常忧思和愤怒，会使健康的身体变得衰弱。同时，快乐还有更神奇的功能，它能使人对生活中的许多困难产生心理免疫力。

　　一个清晨，在一列老式火车中，有六个男人正挤在洗手间里刮胡子。经过了一夜的颠簸，次日清晨通常会有不少人在这个狭窄的地方做一番漱洗。此时的人们多半神情漠然，彼此也不交谈。

　　就在此刻，突然有一个面带微笑的男人走了进来，他愉快地向大家道早安，但是却没有人理会他的招呼，或只是在嘴巴上虚应一番罢了。之后，当他准备刮胡子时，竟然哼起歌来，神情显得十分愉快。

　　他的这番举止令某人感到极度不悦。于是这人冷冷地、带着讽刺的口吻对这个男人问道："喂！你好像很得意的样子，怎么回事呢？"

　　"是的，你说得没错。"男人这样回答着，"正如你所说的，我是很得意，我真的觉得很愉快。"然后，他又说道，"我不过是把让自己觉得幸福当成一种习惯罢了。"

　　养成幸福的习惯，主要是凭借思考的力量。

　　首先你必须拟订一份有关幸福想法的清单，然后每天不停地思考这些想法。其间若有不幸的想法进入你的心中，你得立即停止，并设法将之摒除掉，尤其必须以幸福的想法取而代之。

　　此外，在每天早晨下床之前，不妨先在床上舒畅地想着，然后静静地把有关幸福的一切想法在脑海中重复思考一遍，同时在脑中描绘出一幅今天可能会遇到的幸福蓝图。

　　如此一来，不论你面临什么事，这种想法都将对你产生积极的效用，帮助你面对任何事，甚至能够将困难与不幸转为幸福，相反的，倘若你一再对自己说："事情不会顺利的。"

　　那么，你便是在制造自己的不幸，而所有关于"不幸"的形成因素，不论大小都将围绕着你。

　　以前，有一位不幸的人，他每天总是在吃早餐时对他太太说："今天看来又是不愉快的一天。"虽然他的本意并非如此，充其量不过是随便说说而已，因为他的口中尽管这么说着，实际上在心中却也期待着会有好运来临。然而，一切情况都糟透了。其实，这种情况的发生实在不值得惊讶，因为心中如果已经预存了不幸的想法，那么事情就将向不利的方向发展。

（佚名）

青蛙的寓言

　　　　永远不要听信那些习惯消极悲观看问题的人，因为他们只会粉碎你内心最美好的梦想与希望！

　　抱定乐观向上的态度就能实现自己的愿望。

　　从前，有一群青蛙组织了一场攀爬比赛。比赛的终点是：一个非常高的铁塔的塔顶。一大群青蛙围着铁塔看比赛，给参赛者加油。

　　比赛开始了。

　　几乎没有谁相信这些小小的青蛙会到达塔顶，他们都在议论："这太难

了！他们肯定到不了塔顶！""他们绝不可能成功的，塔太高了！"

听到这些，一只接一只的青蛙开始泄气了，除了情绪高涨的几只还在往上爬。

群蛙继续喊着："这太难了！没有谁能爬上顶的！"

越来越多的青蛙累坏了，退出了比赛。但有一只却还在爬，一点没有放弃的意思。

最后，其他所有的青蛙都退出了比赛，除了一只，它费了很大的劲，终于成为唯一一只到达塔顶的胜利者。

很自然，其他所有的青蛙都想知道他是怎样成功的。

有一只青蛙跑上前去问那只胜利者，"你哪来那么大的力气攀爬完全程?"

于是，它发现这只青蛙是个聋子！

这个故事的寓意：总是记住你听到的充满力量的话语，因为所有你听到的或读到的话语都会影响你的行为。所以，总是要保持积极、乐观！

而且，最重要的是：当有人告诉你你的梦想不可能成真时，你要变成"聋子"，对此充耳不闻！要总是想着：我一定能做到！

（佚名）

不当女皇就去死

吃得苦中苦，方为人上人。有时忍气吞声，不是懦弱无能的表现，而是有志之人在不断地积蓄着自己的力量，为有朝一日的腾飞做充足的准备。

俄国历史上有一位很著名的女沙皇，叫做叶卡捷琳娜二世。但是，女沙皇并非俄国人，而是一位德国的公主，那么她又是怎么当上的俄国沙皇呢?

这要追溯到彼得一世了，彼得一世和农奴出身的叶卡捷琳娜（就是后来的女沙皇叶卡捷琳娜一世）生了两个女儿。直到 1741 年，伊丽莎白当上了沙皇，但是她没有孩子，便从普鲁士王国（后来成为德国的一个邦国）接回了她姐姐的儿子卡尔·彼得，并计划以后把沙皇的位子传给他。但是小彼得对于俄国的生活很不习惯，于是伊丽莎白从德国找了一位叫做索菲娅·奥古斯特的小公主来陪伴小彼得，并且以后要让这个小公主来当皇后。因为伊丽莎白姑妈也叫索菲亚，但是她曾经和伊丽莎白的父亲彼得一世争过权，所以伊丽莎白不喜欢小公主的名字，而给小公主改名为叶卡捷琳娜，以表示对自己母亲的纪念。后来大名鼎鼎的叶卡捷琳娜二世便是这位小公主。

　　聪明的叶卡捷琳娜野心勃勃，去俄国的路上她就在想："我一定要凭借我的才智和能力当上俄国女皇。"来到俄国后不久她就成为了俄国的国教东正教（基督教的一个宗派）的教徒。她不但努力认真地进行俄语学习，对俄国的历史、文化和风俗习惯也进行了深入的了解。为了学好俄语，尽快做一个真正的俄国人，她常常深夜不眠。为了防止自己打瞌睡，她光着脚在屋子里，一边来回走动，一边练习俄语。

　　而她的未婚夫、皇位继承人卡尔·彼得却与她截然相反。彼得懦弱无能，不思进取，将近 20 岁了，却还对儿童游戏乐此不疲，他甚至不能讲一口流利的俄语。这些无疑都给叶卡捷琳娜去实现她的野心提供了很大的便利。

　　1745 年，彼得在和叶卡捷琳娜正式结婚之后，便不问政事，每天只是吃喝玩乐。他对自己的妻子很冷淡，还对她经常进行挖苦和责骂。为了以后能坐上沙皇的位置，叶卡捷琳娜默默忍受着所有的委屈和屈辱。她表面上恭顺地孝敬着自己的婆婆伊丽莎白女皇，体贴地侍奉着自己的丈夫。用她的话说就是"甘愿做沙皇最下贱的奴隶"。但是痛苦和寂寞充满她的内心，只有书本能给她一些安慰。后来，她用这样的话来形容自己当时的情况："有的只是书本和痛苦，但却永远没有欢乐"。

　　伊丽莎白女皇于 1761 年 12 月 25 日去世，皇位传给了卡尔·彼得，也就是彼得三世。皇后自然就是叶卡捷琳娜。

　　当了沙皇之后的彼得更是无所顾忌地吃喝玩乐，对朝政根本不闻不问，

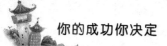

酩酊大醉也是常有的事。叶卡捷琳娜对此放任不管，根本不加劝阻。另一方面她为社会做了很多的好事，与沙皇的行为截然相反，这让整个朝廷都对她的丈夫抱怨不断。同时，她在暗中已经培养起了自己的势力，为发动政变，夺取皇位做好了充分的准备。她的决心是："不当女皇就去死。"

彼得三世的命名日定于 1762 年 6 月 29 日，卡尔·彼得想要在这一天去彼得霍夫行宫庆祝一番。但之前的这几天，他要到离首都彼得堡很近的奥拉宁堡去寻欢作乐。出发前，他让叶卡捷琳娜先去彼得霍夫行宫，在那里等他。但是，等到彼得三世在臣仆们的拥护下于 6 月 28 日来到彼得霍夫时，迎接他的只有几个神色慌张的仆役，根本不见皇后的影子。

彼得问："皇后在哪？"

"走了。"

"上哪儿去了？"

无人能答。这时一个仆人走过来递给沙皇一张纸条，上面写的是，皇后于今天一早就回到了彼得堡，已经向全国通告自己成为唯一的国君。彼得三世惊讶不已，一边发疯似的喊着叶卡捷琳娜的名字，一边向皇后的房间飞奔而去，但是却根本没有皇后的影子。

原来，叶卡捷琳娜在这天一早就赶回了彼得堡。她的亲信控制了一所禁卫军兵营，她在那里宣布自己成为沙皇，自称叶卡捷琳娜二世，并且布告全国。士兵们"女皇万岁！"的呼声响彻云霄。

得知此事之后，尚在彼得霍夫行宫的彼得三世方才如梦初醒，赶忙向喀琅施塔得要塞奔去，想要把这个军事要塞抢先一步控制在手里。但是叶卡捷琳娜早就已经先派人牢牢控制住了这个要塞。无可奈何的彼得三世只好返回奥拉宁堡。但是叶卡捷琳娜率领着一支禁卫军在他刚刚到达之后就追来了。没有一兵一卒的彼得根本没有能力与一个个凶神恶煞般的禁卫军士兵对抗，最后他只好放弃了抵抗。之后异想天开的彼得见自己平分政权的建议得不到他妻子的丝毫理会，也只好在一个小时之后，把退位诏书呈给新的女皇。彼得三世前后只有六个月的在位时间。

登基之后的叶卡捷琳娜二世，在彼得堡郊外一所偏僻的别墅里囚禁着自己的丈夫。过了一个星期，彼得死于一场酒后的殴斗之中。大家都能猜到这场争斗的幕后策划者究竟是谁。

当上沙皇的叶卡捷琳娜，为了推动俄国的发展，实施了很多的改革，在俄国的历史上有着深远的影响。在彼得一世之后，第二个被称之为"大帝"的沙皇就是叶卡捷琳娜二世。

（佚名）

新版农夫和蛇

> 知足是一种处事态度，常乐是一种幽幽释然的情怀。知足常乐，贵在调节。做到知足常乐，生活就会充满和谐、平静、适意与真诚，这是一种人生的底色。

冬天雪后的一天，一位农夫上山去砍柴。

农夫刚刚抡起斧头，忽然，他听到呼救声："救救我吧——"农夫定睛一看，原来是一条冻得半死的蛇在求救。农夫可怜蛇，将其揣入怀中，带它回了家，并把它放在火炕上，精心呵护。

不久，蛇苏醒了。农夫与蛇惺惺相惜，结为了兄弟。

第二年春天，蛇带着众兄弟前来报恩，并带来不少食物，但对于农夫来说，这也只是杯水车薪。农夫贫穷，很想致富。于是农夫对蛇说："蛇弟，兄长终日靠砍柴为生，日子依然穷困。现在市场上蛇毒昂贵，能否……"

蛇道："兄长，小弟明白。我领兄弟们来给你送蛇毒。"

农夫的日子渐渐富了起来，他盖了房子，娶了老婆。收蛇毒的人感觉蹊跷，问："你从何处弄来那么多的蛇毒？"农夫讲了自己救蛇的故事。

收蛇毒的人说："现在城里有很多蛇餐馆，何不将蛇卖人，这样岂不更富？"

农夫答："我与蛇是兄弟。"

收蛇毒的人反驳："现在只讲赚钱，不论兄弟。"

农夫终于动了心。

蛇看到兄弟们不断失踪，好生奇怪。这天，它再去农夫家，在门口看到了蛇餐馆的货车，这才恍然大悟。

蛇敲开了农夫的门，并张开血盆大口，愤怒地向农夫扑去……

躺在病床上，奄奄一息的农夫对着前来看望自己的亲朋好友喃喃地说："不要可怜蛇，蛇是忘恩负义的东西……"

其实，到底是蛇忘恩负义，还是农夫背信弃义？明眼人一看便知。滴水之恩，当涌泉相报。蛇为了报恩，不惜将自己和兄弟们身上珍贵的蛇毒送予农夫去卖钱：而富裕后的农夫，却不知足，是贪欲蒙蔽了他的心智，抛弃了与蛇建立起来的友谊，用蛇的生命去换取物质上的满足。最终，农夫为自己的行为付出了生命的代价。

（佚名）

第五辑　不要抱怨生活

　　很多人都对自己的生活不满。事实上，我们每个人已经拥有得足够多了。如果你早上醒来发现自己还能自由呼吸，你就比在今天离开人世的人更有福气；如果你从来没有经历过战争的危险，忍饥挨饿的痛苦，你就已经好过世界上5亿人了；如果你有屋栖身，身上有足够的衣服，家里有足够的食物，你就已经比世界上70％的人更富足了。

有残疾的首领

要在时间中逐步改变悲观的习惯。

一天，玛丽正在和胡克等一群小伙伴玩，一辆狂奔的马车将她撞倒在街上，她的右臂被夹在一辆篷车的两条轮棒之间。

此后，玛丽的这只膀子就被固定成一种 V 字形。这个 V 字可以前后摆动，指头也略可以屈伸，但就是不能展臂。当她奔跑时，她的膀子就像飞鸟的翅膀一般扑动。因此，从那以后，胡克他们都叫她"翅儿"。

这样的一种不幸，要是落在其他人身上，多半会一蹶不振，但玛丽却并不因此气馁。她仍是一个顽皮的姑娘，仍然穿着那种不成体统的顽皮姑娘所穿的衣服。但她因为残了一臂而无法再去东河游泳，因此她只得在河边做漫长的散步。

这种状况，对许多人来说，他们多半会退入一个甲壳，把自己局限于幽静而又沉寂的房中，诅咒命运，痛恨世人，厌恶自己。翅儿不是！她追求新的生活——在河边。一个女孩在男孩和男人的天地中，往往会因为她的畸形臂膀而成为被取笑的对象。但玛丽没有否定她作为一个人的存在价值，她没有自暴自弃。

翅儿眼中的河滨世界，是初夏的时候，商船驶进港口卸货；健壮的码头工人背负外来的货袋；工作辛勤的男人在阳光之下叫骂。

不久，她成了一个有固定工作的女子，在东河码头跑上跑下。她赚到了午餐，同时还有薪金可拿。她做了她应该做的事情，也赢得了每一个人的敬重。

10 月之末，干旱的气候来到，天气非常闷热。胡克他们一帮孩子来到东河，跃入采沙船旁的河中。突然间，一个叫瑞德的男孩大叫救命。

胡克想搭救瑞德，但发现他被夹在一只驳船和码头的当中。

瑞德的一只腿被卡住了，他非常恐惧。胡克也很恐惧，万一来了一阵风把船吹向码头，那将会把瑞德挤扁！胡克感到无计可施，焦急万分。

有人去呼救。救星来了！是翅儿，她奔跑而来，一只臂膀摇来摆去，好像稻草人被风吹着一般。胡克叫她让开，但她在码头边沿跪下，并且将左臂伸向瑞德，一下子将他拖出了危险。胡克和其他男孩感到非常惊讶，不相信自己的眼睛所看到的一切。由于她做码头工人工作，这使她的左臂特别发达，也使她救了瑞德的命。

不久，这个残缺的、曾经不受欢迎的小女孩，就被胡克这帮孩子推为首领。

（佚名）

挫折是试金石

> 没有挫折的考验，也便没有不屈的人格。正因为有挫折，才有勇士与懦夫、庸人与伟人之分。

人生在世，谁都会遇到挫折，适度的挫折具有一定的积极意义，它可以帮助人们驱走惰性，促使人奋进。有这样一则故事——

草地上有一个蛹，被一个小孩发现并带回了家。过了几天，蛹上出现了一道小裂缝，里面的蝴蝶挣扎了好长时间，身子似乎被卡住了，一直出不来。

天真的孩子看到蛹中的蝴蝶痛苦挣扎的样子十分不忍。于是，他便拿剪刀把蛹壳剪开，帮助蝴蝶脱蛹出来。

然而，由于这只蝴蝶没有经过破蛹前必须经过的痛苦挣扎，以致出壳后身躯臃肿，翅膀干瘪，根本飞不起来，不久就死了。自然，这只蝴蝶的欢乐也就随着它的死亡而永远地消失了。

这个小故事也说明了一个人生的道理，要得到欢乐就必须能够承受痛苦和挫折。这是对人的磨炼，也是一个人成长必经的过程。

德国天文学家开普勒，从童年开始便多灾多难，在母腹中只呆了七个月就早早来到了人间。后来，天花又把他变成了麻子，猩红热又弄坏了他的眼睛。但他凭着顽强、坚毅的品德发愤读书，学习成绩遥遥领先于他的同伴。

后来，因父亲欠债使他失去了读书的机会，他就边自学边研究天文学。在以后的生活中，他又经历了病痛、良师去世、妻子去世等一连串的打击，但他仍未停止天文学研究，终于在59岁时发现了天体运行的三大定律。

他把一切不幸都化作了推动自己前进的动力，以惊人的毅力，摘取了科学的桂冠，成为"天空的立法者"。

人生难免会遇到挫折，没有经历过失败的人生是不完整的人生；没有河床的冲刷，便没有钻石的璀璨；没有挫折的考验，也便没有不屈的人格。正因为有挫折，才有勇士与懦夫、庸人与伟人之分。

（佚名）

胯下之辱

人生处世有两种境界：一是逆境，二是顺境。在逆境中，困难和压力逼迫身心，这时应懂得一个"屈"字，委曲求全，保存实力，以等待转机的降临。在顺境中，幸运和环境皆有利于我，这时当懂得一个"伸"字，乘风万里，扶摇直上，以顺势应时，更上一层楼。

公元前二世纪的秦朝，是中国历史上第一个统一的封建王朝，中国的万里长城就是在这个朝代初具规模的。但因为父子两代皇帝的暴政，秦朝的统治仅有15年。秦末，农民起义风起云涌，出现了许多英雄人物，韩信就是其中一位有名的军事统帅。

在韩信的家乡淮阴城，有些年轻人看不起韩信，有一天，一个少年看到韩信身材高大却常佩带宝剑，以为他是胆小，便在闹市里拦住韩信，说："你要是有胆量，就拔剑刺我；如果是懦夫，就从我的裤裆下钻过去。"

围观的人都知道这是故意找茬羞辱韩信，不知道韩信会怎么办。只见韩信想了好一会儿，一言不发，就从那人的裤裆下钻过去了。当时在场的人都哄然大笑，认为韩信是胆小怕死、没有勇气的人。这就是后来流传下来的"胯下之辱"的故事。

　　其实韩信是一个很有谋略的人。他看到当时社会正处于改朝换代之际，于是专心研究兵法，练习武艺，相信会有自己的出头之日。

　　公元前209年，全国各地反对秦朝统治的农民起义爆发了，韩信加入其中一支实力较强的军队。军队的首领就是后来成为下个朝代开国皇帝的刘邦。最初，韩信只是做了一个管押运粮草的小官，很不得志。后来他认识了刘邦的谋士萧何，两人经常讨论时事和军事，萧何认识到韩信是一位很有才能的人，于是极力向刘邦推荐，但刘邦仍不肯重用韩信。

　　一天，心灰意冷的韩信悄悄离开刘邦的军队，投奔别的起义军。萧何得到他离开的消息后，也没向刘邦汇报，赶忙骑马去追韩信。刘邦得到消息，以为是二人逃跑了。

　　过了两天，萧何和韩信回来了，刘邦又惊又喜，责问萧何是怎么回事。萧何说："我是为您追人去了。"

　　刘邦大惑不解："过去逃跑的将领有几十个，你都不去追，为什么单单去追韩信呢。"

　　萧何说："以前逃跑的将领都是平庸之辈，容易得到，至于韩信是难得的奇才。如果您想争夺天下，除了韩信您就再也找不到同您计议大事的人了。"

　　刘邦说："那就让他在你手下作个将领吧"。

　　萧何说："让他做一般的将领，他未必肯留下来。"刘邦说："那就让他做一个军事统帅吧。"

　　从此，韩信由一名运粮官变成了一位将军。在后来帮助刘邦打天下的过程中，他每战必胜，立下了赫赫功勋。

　　如果当初韩信一气之下，宁折不屈和那些流氓拼了，恐怕历史将要改写。历史上不会出现一个叱咤风云的大将军，只会多一个名不见经传的枉死鬼。当然，历史就是历史，没有什么假设，但是历史中的智慧值得我们思索。大丈夫能屈能伸，能刚能柔，就是源于韩信的典故。在常人看来，胯下之辱绝对让人不堪忍受，简直是奇耻大辱，然而韩信爬过去了，而且爬过去以后拍拍身上的尘土扬长而去，这是何等的胸襟和气魄！

（佚名）

画家与富翁

经历过暴风雨洗礼的天空是多么地湛蓝与广阔！

某画家在未成名前靠画人像为生。一天，一个富人经过，看他的画工细致，很喜欢，便请他帮忙画一幅人像。双方约好酬劳是一万元。

一个星期后，人像完成了，富人依约前来拿画。这时富人心里起了歹念，欺他年轻又未成名，不肯按照原先的约定支付酬劳金。他只愿花三千元买这幅画。青年画家从没碰到过这种事，心里有点慌，花了许多唇舌，向富人据理力争，希望富人能遵守约定，做个有信用的人。但富人自认占据上风，不肯退让。

青年画家知道富人故意赖账，心中愤愤不平，他以坚定的语气说："不卖。我宁可不卖这幅画，也不愿受你的屈辱。今天你失信毁约，将来一定要你付出20倍的代价。"

"笑话，20倍，是20万！我才不会笨得花20万买这幅画。"

"那么，我们等着瞧好了。"青年画家对悻悻然离去的富人说。

经过这件事的刺激后，画家搬离了这个伤心地，重新拜师学艺，日夜苦练。皇天不负苦心人，十几年后，他终于闯出了一片天地，在艺术界成为一位知名的人物。那个富人呢？自从离开画室后，第二天就把画家的画和谈话淡忘了。

直到有一天，富人的好几位朋友不约而同地来告诉他：朋友，有一件事好奇怪哦！这些天我们去参观一位成名艺术家的画展，其中有一幅画中的人物跟你长得一模一样，标价20万。

好笑的是，这幅画的标题竟然是一个字："贼"。好像被人当头打了一棒，富人想起了十多年前的事。

他立刻连夜赶去找那位画家，向他道歉，并且花了 20 万买回那幅人像画。青年凭着一股不服输的志气，让富人低了头。

（佚名）

快乐奖金

那些快乐着的人们并不比别人富有，也并不比别人幸运，但是他们拥有了一颗简单的心。快乐唾手可得，只要你自己愿意去捕捉它。

他是一家俱乐部的经理，生活得十分幸福美满。这一天，他突发奇想地拿出了一大笔钱，委派一位老人到城市的最繁华地带守候一天，对他遇到的每一个快乐的人发放奖金。

这位老人是一位表情研究专家，由他来判定一个人是否快乐，并且发放奖金，应该十分得当。

于是，老人拿着钱来到了一条繁华的马路上。行人从他的身边匆匆掠过，像是一群群鸥鸟飞越搁浅的轮船。老人静静地巡视着众人的脸庞，那睿智的目光似乎一下子就看到了人们的内心。

几乎整整一个小时，老人握着那大把的钱，不停地摇着头。终于，老人的面容舒展开来，他走到了某位行人面前，礼貌地拦住了他，并且悄声地对他说了句话，随即把钱塞进了他的手里，微笑着离开了。

而那个得到钱的人，脸上是微笑着的，虽然他为此惊诧不已。

老人就这样在路旁发放了一整天，直到晚上才回到了俱乐部。

"那笔钱一定不够吧？"经理微笑着问。

"我连这笔钱的一个零头都没用完。"老人摇了摇头说道。

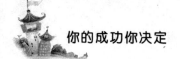

"怎么可能?"经理有些难以置信。

"整整一天,成千上万的人经过我面前,但是我能确认快乐的人,只有22名。"老人有些落寞地说道。

"快乐的人为什么会如此稀少?"经理更加吃惊了。

"我一直以研究人类的表情为业,但是这样的发现还是很让我难过。"老人摇了摇头说道,"我发现,在正常人当中快乐的脸竟然如此稀少。围绕着我们的,多是惆怅的脸、忧郁的脸、焦灼的脸、愤懑的脸、谄媚的脸、苦恼的脸、委屈的脸、讨好的脸、严厉的脸……"

经理听到了这里,也无奈地摇了摇头。快乐的奖金无法发放,这真是一个悲剧。

(佚名)

一条见过世面的鱼

　　　　这个人永远也不会知道这条青鱼曾经环游世界、无所不知、无所不晓!

　　从前,有一条青鱼下定决心要环游世界。"我已经厌倦了北海,"它说道,"我想知道外面的世界是怎样的。"于是它一路南下,游向了大西洋的深处。它游啊,游啊,直到离它所熟悉的海洋越来越远。它游过了赤道附近的热带水域,又继续向南大西洋游去。一路上,它看到了很多自己从未见过的稀奇古怪的鱼。有一次,它险些成为一条鲨鱼的美餐;还有一次,它差点儿被一条电鳗击死;又有一次,它几乎被一条黄貂鱼刺伤。但它仍然不停地向前游着,在游过非洲屋脊处的河流后,到了印度洋。在这里,形形色色的鱼从它身边游过,有章鱼、旗鱼、锯鳐、箭鱼、竹荚鱼、黑鲸、泥鱼等等。这些鱼有着不同的形状、体态和颜色,这使它感到万分惊奇。它继续向前游,到达了爪哇岛海域。在这里它见到了能够跃出水面的鱼、生活在海底的鱼、可以用鳍行走的鱼……它又继续游着，游到了珊瑚海，在那里，数以万计的微生物的外壳脱落后变成了岩石，并已堆积成山。

它并没有就此停留，而是继续向前，游到了宽阔的太平洋。当它游到这个大洋的最深处时，发现海水竟如此之深，阳光根本无法到达这里。由于海底一片漆黑，有些鱼头上顶着"灯笼"，有些则在尾部"点着灯"。它继续前行，向北游往寒冷的西伯利亚海域，那里的海面常年被冰雪覆盖着。它又游过了格陵兰岛和冰岛，最终，游回了自己的老家——北海。

这条青鱼回家后，它所有的亲戚朋友都赶来了，大家围着它问长问短。鱼儿们设宴款待它，把最好的食物都拿来给它品尝，但这条青鱼却只是打了个哈欠，说道："我游遍了整个世界，见过世上所有的东西，并且还品尝了世间的极品，那些美味绝对超乎你们的想象。"它拒绝吃宴席上的任何食物。

后来，它的亲戚朋友们都恳求它到自己家住，可它却全部拒绝了。"我什么地方都去过了，你们家的那块破旧的岩石太阴暗，也太小了，我根本不会去住的。"这条青鱼说完就离开了。从此，它只一个人住。

当繁殖季节来临时，它也拒绝加入产卵的行列，它说："我已经游遍了整个世界。什么样的鱼我没见到？我不可能再对青鱼感兴趣了。"

最后，一条年长的青鱼游到他面前，说道："听着，你若是不和我们一起产卵的话，一些青鱼卵就不能受精，也就不能孵出健康的小青鱼。如果你不和家人住在一起，就会伤它们的心。而且，如果你再不吃东西就会面临死亡。"

可是这条青鱼却说："我才不在乎呢！能去的地方我都已经去过了，能见到的东西我也都见到了，现在我已是无所不知了。"

年长的青鱼摇了摇头说道："没有人见识过世界上的一切，也没有人无所不知。"

"你看，"青鱼说，"我去过北海、大西洋、印度洋、爪哇海、珊瑚海、太平洋、西伯利亚海，还有冰天雪地的北冰洋。请你告诉我，还有什么是我没看过的，还有什么是我不知道的？"

"我也无法说清楚，"年长的青鱼说道，"但总有一些东西是你没见过、也不知道的。"

就在这时，一条渔船划了过来，所有的青鱼都被一网打尽，当天就被送到了市场上。有个人买走了那条"走遍世界"的青鱼，当晚就把它吃了，

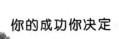

并且，这个人永远也不会知道这条青鱼曾经环游世界、无所不知、无所不晓！

（佚名）

鲜花送人，余香留己

> 用鲜花挣再多的钱也只是有限的，用如花的心情去挣钱是无限的。因为这里面包含着一个人的气质、品德、情趣爱好以及艺术修养。

一家信誉很好的大花店要招聘一位售花小姐。招聘广告张贴出去后，前来应聘的人很多，如过江之鲫。经过几番面试，老板留下了三位女孩，让她们每人经营花店一周，以便从中挑选一人。这三个女孩长的都如花一样美丽。一人曾经在花店插过花，买过花；一人是花艺学校的应届毕业生；其余一人是一个待业青年。

插过花的女孩一听老板要让她们以一周的实践成绩为应聘条件就心中窃喜，毕竟花、买花对于她来说是轻车熟路。每次一见顾客进来，她就不停地向顾客介绍各类花的象征意义，以及给什么样的人送什么样的花。几乎每一个人进花店，她都能说动顾客买去一束花或一篮花，一周下来她的成绩不错。

花艺女生经营花店，她充分发挥从书中学到的知识，从插花的艺术到插花的成本，都精心琢磨，她甚至联想到把一些断枝的花朵用牙签连接花枝夹在鲜花中，用以降低成本……她的知识和她的聪明为她一周的鲜花经营也带来了不错的成绩。

待业女青年经营起花店则有点放不开手脚，然而她置身于花丛中的微笑就像一朵花，她的心情也如花一样美丽。一些残花她总舍不得扔掉，而是修剪修剪，免费送给路边行走的小学生，而且每一个从她手中买去花的人，都能得到她一句甜甜的话语——"鲜花送人，余香留己。"这听起来既像女孩为自己说的，又像是为花店讲的，也像为买花人讲的，简直是一句心语。尽管女孩努力的珍惜着她一周的经营时间，但她的成绩与前两个女孩相差很大。

出人意料的是，老板竟留下了那个待业女孩。人们不解——为何老板放弃为她挣钱的女孩，而偏偏选中这个缩手缩脚的待业女孩？

老板说："用鲜花挣再多的钱也只是有限的，用如花的心情去挣钱是无限的。因为这里面包含着一个人的气质、品德、情趣爱好以及艺术修养。

（佚名）

爷爷的蜜蜂

　　人与蜜蜂之间如此，人与人之间更是如此，相互支持，相互爱护，才是相处之道。

早在我出生以前，爷爷和奶奶就搬到碧奇鸟大街去住了。他们有四个女儿。女孩儿们睡在阁楼上的一张大羽毛床上。冬日的夜晚，阁楼上很冷，于是，奶奶就在床下垫上几块烤热的砖头给女儿们取暖。

大萧条时期，工作很难找，爷爷什么活都做过。平日里，他挖沟渠；到了周末的时候，他就和奶奶在家着手建一个小花园，以便能在那里种些粮食供给家用。

碧奇鸟大街的住处有个大院，里面种着些浓密的大树和果树。院子中央有个水泵，女孩儿们就是在这里取水做饭、打扫卫生、浇灌花园。爷爷和奶奶在院子的一侧种了番茄、豆子、南瓜、辣椒和草莓，供这个大家庭食用。他们还在另一侧的圣母雕像旁边种了玫瑰、天竺葵、丁香和蝴蝶花。

家里的每个人都辛勤地耕种，希望能得到丰硕的果实。整个夏天，我们一家人始终吃着花园里结出的果实，还可以欣赏花园里那些美丽的花朵。奶奶还把一些桃子、番茄、豆子、辣椒、梨子以及自制的草莓酱分别装入罐中，好让我们在冬季里也能享受到它们的美味。

许多年以后，家里的孩子们都已长大，孙子孙女们也相继来到了世上。爷爷和奶奶仍会在每年春天侍弄花园。这个大家庭中的每个人都能享受到花园里的好东西，还可以拿走一些带回自己的小家中。

孙子孙女们渐渐长大了，而爷爷奶奶却变得越来越苍老了。照看花园对他们而言变得越来越困难，所以，他们不得不缩小了花园的面积。即便是这样，花园里面种出的食物仍然够一家人吃，大家依然能看到那些惹人喜爱的花朵。

在爷爷89岁的那个夏天，他唯一能做的，就是坐在花园里的椅子上，看着园子里的蔬菜渐渐长大，欣赏玫瑰娇艳的花朵。然而，夏日很快就消逝了，而爷爷也在丰收前永远地离开了我们。

对奶奶而言，这是个寂寞的冬天。她坐在窗边，眼望着外边的园子，想着自己明年到底还要不要继续耕种。毕竟只剩她一人，打理花园确实困难了些。当春天来临之时，她只种下了少量植物的种子。

初夏的一天，阳光明媚极了，奶奶听到前院传来一阵骚动声，便朝窗外望去，结果却让她看到了可怕的一幕。只见两棵大树上竟然聚着大团的蜜蜂。空中还飞舞着成千上万只蜜蜂，它们甚至一直排到树梢上！蜜蜂发出来的嗡嗡声不绝于耳。奶奶看到这些蜜蜂都先后钻进一棵树顶端的树洞中。很快地，所有的蜜蜂都搬进了新家，消失在奶奶的视线中。

看到这一情形，奶奶不禁发起愁来。她是否应该请人把这些蜜蜂清除掉呢？可是她根本支付不起除蜂的费用。于是，她只得再等等，看能不能想出别的办法。

随后的几天，蜜蜂始终忙个不停。奶奶总能看见一些蜜蜂从那个高高的树洞里进进出出。不久后，她发现蜜蜂并没有妨碍到人们，于是就做着自己的事情，不再去想它们了。

那年夏天，奶奶的花园里硕果累累。邻居们都会在此驻足欣赏，园里那硕大的蔬菜让他们很羡慕——他们园中蔬菜的长势就没有这么喜人。不过没关系，因为奶奶总会把自己的果实分给别人一些。来访的人当然都能够品尝到园里的美味。

一天，奶奶的弟弟法兰克从亚利桑那州前来拜访。奶奶为他做了一顿美味佳肴，这其中就包括南瓜饼和自制的苹果酱。在席间，奶奶还把蜜蜂的事情告诉了法兰克。

法兰克说："在亚利桑那州，农民们常常雇佣养蜂人在农田附近搭蜂箱，蜜蜂授粉有助于庄稼成长。"

这时，奶奶才意识到：原来，整个夏季都是这群蜜蜂在帮她照顾花园的……

"所以，我的小花园才能获得大丰收！"她大声地说道。

从那时开始，奶奶便深信，这一切都是爷爷的安排，因为那年夏天爷爷没能亲自帮她，所以他才派了蜜蜂到这里，让奶奶的小花园欣欣向荣。

（佚名）

不要抱怨生活

　　千万不要抱怨你的生活，你已经拥有得足够多了，而且已经是一个地地道道的富翁了！

　　年轻人很努力地工作着，可生活仍旧穷困潦倒。这天，他遇到一个白发苍苍的老人，便与他抱怨自己的时运不济。

　　"为什么我一直这么穷？"年轻人抱怨道。

　　"怎么这样说？你很富有嘛！"老人乐呵呵地说道。

　　"我穷困潦倒，你怎么能说我富有呢？"年轻人好奇地问。

　　"假如让你马上变成80岁的老人，给你100万，你干不干？"老人反问道。

　　"不干。"年轻人连忙摇了摇头。

　　"假如让你马上死掉，给你1000万，你干不干？"老人又问。

　　"不干。"年轻人连忙又摇头。

　　"这就对了，你已经拥有超过1000万的财富，为什么还哀叹自己贫穷呢？"老人笑吟吟地问道。

　　青年愕然无言，突然什么都明白了。

　　很多人都对自己的生活不满。事实上，我们每个人已经拥有得足够多了。如果你早上醒来发现自己还能自由呼吸，你就比在今天离开人世的人更有福气；如果你从来没有经历过战争的危险，忍饥挨饿的痛苦，你就已经好过世界上5亿人了：如果你有屋栖身，身上有足够的衣服，家里有足够的食物，你就已经比世界上70%的人更富足了。

　　所以，千万不要抱怨你的生活，你已经拥有得足够多了，而且已经是一个地地道道的富翁了！

　　　　　　　　　　　　　　　　　　　　　　　　　　　（佚名）

一扇门关闭之后

　　一个人的一生注定既有高潮也有低潮，既有顶峰也有低谷。不可能永远春风得意、一帆风顺，也不可能永远背

　　科罗拉多大学法学院院长决定，秋季开学后，希尔曼不能再回去上课了，原因是他的成绩太差。

　　希尔曼的父亲与法学院院长爱德华·金取得了联系，但这没能改变那个决定。金院长说："希尔曼是个非常好的青年人，但他不可能成为一名律师。他最好去找其他职业。我建议他留在他周末打工的那个食品杂货店里。"

　　希尔曼给院长去了信，申请重读，但杳无音讯。

　　希尔曼感到心烦意乱。在重大事情上，他从未真正受过挫折。高中时他是个受欢迎的学生，是一个非常受人尊重的足球运动员。不费吹灰之力，他就进入了坐落在博耳德市的科罗拉多大学，并正式被该学校最负盛名的法学院录取。

　　希尔曼的父亲只有高小文化，他当了40多年铁路邮局办事员。但他热爱学习，同时他知道儿子极想成为一名律师。他建议希尔曼考虑一下威斯敏斯特法律学院，那儿开设晚上课程。

　　父亲的建议切合实际，同时又强烈地挫伤了希尔曼的自尊。科罗拉多大学是一扇通向法官宝座和声名显赫的律师事务所的大门，而威斯敏斯特则是一所穷人学校，没有享受终身职位的教授，也没有法律权威评论，其学生白天都在打工。

　　但是，希尔曼最终还是去见了威斯敏斯特学院院长克里福特·米尔斯。

　　米尔斯看了一下希尔曼的大学成绩报告单，直率地说："在博耳德你突出的是体育课、西班牙语课和你的学生组织能力。"他说得不错。希尔曼好不容易进了大学，却没承担起大学生应尽的义务，缺乏良好的学习习惯，这些终使他自食其果。

米尔斯院长允许希尔曼在威斯敏斯特学院注册入学，但有一个条件：他得重修一年级的所有课程。院长说："我将时刻监督你。"

一扇门关闭了，但别的门向希尔曼敞开了。

因为这是第二次机会，希尔曼加倍努力地学习，并且对法律证据产生了浓厚兴趣。第二年，教希尔曼一门课程的教授过世了，希尔曼不可思议地应邀接任了他的课程。证据研究后来成了希尔曼的终生专长。

28岁那年，希尔曼成了丹佛市最年轻的乡村法官。而后，他当选了地方法院法官。接着被总统任命为美国联邦司法部地方法院法官。后来，他获得了科罗拉多大学颁发的乔治·诺林奖以及授予他的名誉法学博士学位。

与生活中极为重要的事情失之交臂是常有的事，无论是一份工作、一个梦想还是一段友情。希尔曼被法学院勒令退学一事，坚定了他成为一名好法官的决心。通过艰苦的努力，他实现了自己的理想。

（佚名）

符号的背后

在挫折和失败中觉悟事理吸取教训，我们就始终有条件继续擂打奋进的战鼓，尽情投入到人生搏击的长河中，不断体会新的战斗乐趣。

在火车上，一位中年男子向他同座的女青年讲了一个故事。

一次宴会中，有位美国心理学家提议，请在座诸位用最简短的形式写一篇自传。其中一个年轻人神气十足地交给这位心理学家一篇只有三个标点符号的自传一个破折号（——）、一个感叹号（！）和一个句号（。）。他的解释是："一阵横冲直撞之后，落了个伤心哀叹，到头来只好完蛋。"

这位心理学家略一沉思，提笔就在这篇自传的下边另外画了三个标点符号：一个是顿号（、）、一个是省略号（……）、一个是问号（？）。心理学家向这位自暴自弃的年轻人解释道："青年时期仅仅是人生一站，道路漫长希望无边，岂不闻浪子回头金不换？"

这个故事值得对生活心灰意冷的青年朋友深思。

我们应当明白：现在的不如意毕竟是暂时的，也仅仅是人生的一小站，丰富多彩的生命旅程还漫长遥远。我们刚刚叩响生活的大门，才渐渐成熟起来，尽管在生活中或事业上经受着一些挫折，承载着一定的磨难和屈辱，却没有理由就此认定自己将如此黯然一生。

其实，挫折也是人生经历的一部分，挫折的过程就是一个学习抗打击抗灾害和提高：免疫力的过程，挫折将会逐渐丰富并不断增强我们抵御各种风险和应对各种复杂局势的能力。只要我们怀揣一颗上进的心，一腔爱与智慧的情，恒守一道生命不息、奋斗不止的勇毅，善待生活，提炼人生，用真善美滋养自己执着的性灵。

在挫折和失败中觉悟事理吸取教训，我们就始终有条件继续捶打奋进的战鼓，尽情投入到人生搏击的长河中，不断体会新的战斗乐趣。

（佚名）

偷袭珍珠港

> 我们要时刻保持警惕，对潜在的危险要有预见性，不能总是盲目自大。

美国在第二次世界大战前期始终采取的是中立的政策，想在战争中置身事外。那么，到底是什么原因使美国最终成为了这场反法西斯战争中的一员呢？日本侵略者在1941年展开了疯狂的全面侵华的战争，菲律宾、印度尼西亚等亚洲和太平洋的许多国家也同时受到了战争的波及。当时美国正力图在这些国家和地区发展势力，日本的行为无疑和美国发生了矛盾。于是日本决定进行一次突然袭击，以迅雷不及掩耳之势将美国彻底击败。

1941年1月7日，在4万吨级的"长门"号战舰上日本帝国联合舰队司令长官山本五十六正踌躇满志地起草着一份给海军大臣吉川的战备计划。他以"要有决战就在开战之初的思想准备"提出了"如敌主力舰队的大部分在珍珠港内停泊，则用飞机编队将其彻底击沉并封闭该港"的作战计划。震惊世界的珍珠港事件的序幕，由"山本上书"一事从此拉开。

三月，为了偷窃美国舰队活动的情报，少尉吉川在日本海军部的指示下化名森村，以日本驻夏威夷总领事馆工作人员的名义进入檀香山，进行间谍活动。日军袭击珍珠港中吉川的情报起到了很大的作用。

集结在日本单冠湾的战舰于11月26日全部按时到达，由南云将军进行指挥。以"赤城"号等6艘航空母舰为主，由2艘战列舰、2艘巡洋舰1艘轻巡洋舰和11艘驱逐舰、3艘潜艇、8艘油船组成的庞大的南云攻击舰队，在清晨6点30分时拔锚起航，以环形队形向远在3500余海里外的珍珠港杀去。

天皇于 12 月 1 日下午 4 时下了开战的命令。山本在 2 日下午 5 时 30 分给向珍珠港杀去的南云舰队发出了隐语电报："攀登新高山 1208"，其实就是告诉他们"按原计划于 12 月 8 日展开攻击。"6 日，山本又向南云发出训示电报："皇国兴废，在此一战，我军将士务必全力奋战。"南云在"赤城"号战舰的桅顶上升起了日本海军历史上少有的"乙"字旗，用来给士兵鼓舞士气。

　　庞大的日本舰经过了 12 天的秘密航行，于 12 月 8 日在夏威夷群岛的美国太平洋舰队基地附近停泊，大概处于瓦胡岛以北 230 海里海域的位置。

　　8 日凌晨东京时间 1 时 45 分，涂着血红的太阳旗标志的飞机在航空母舰上已经做好了起飞的准备，183 架日机随着"起飞"的一声令下，立刻腾空而起，并以最快的速度把队形编好，向珍珠港发起了第一波攻击。

　　而此时的珍珠港还处于平常的安详之中，港口里安安静静地停放着 96 艘大小美国军舰，机场上整齐地排列着各式飞机。这是一个星期天，士兵们都还在睡梦中回味着周末的愉悦，军官们也都在床上沉醉于昨夜的狂欢。黎明降临的时候，响起了教堂的钟声，悠扬的清晨音乐从电台中飘荡出来，显得祥和而宁静。麦克米伦正站在战列舰"内华达号"的后甲板上指挥已经排列好队形的国乐队，为举行升旗仪式时演奏国歌进行着准备……

　　空中指挥官渊田中佑于 7 时 50 分下达了攻击令，7 时 55 分，51 架"九九"式俯冲轰炸机群兵在高桥海宫少佐的率领下，兵分两路来到了美军机场上空。一时间，炮弹密雨般的向珍珠港落下，顿时熊熊大火在希凯姆机场、福特岛机场、惠列尔机场燃烧，黑烟直冲向天空。很快，日军就把美军机场的飞机和一切空防设施给炸得一干二净。可是舰艇上那些愚蠢的美国士兵在这时，还把这场轰炸当成了一次特殊的军事演习。就在这爆炸声中，麦克米伦的军乐队奏响了美国国歌。40 架"九七式"鱼雷机编队在村田海军少佐的率领下，用鱼雷凶猛地向美国战列舰展开了攻击。在不停的重创下，美国军舰接二连三地起火。

　　日本下达了一个又一个的攻击命令，珍珠港遭受到了日本疯狂的轰炸。

一个个的水柱突起，一团团的火焰升腾，浓烟遮蔽的天空，火焰映红了大海。直到 8 时日机空袭珍珠港的报告才送到美国太平洋舰队作战参谋的手中，他用电话向舰队司令金梅做了紧急报告。舰队司令部这才匆匆地发出了这封十分火急的电报："珍珠港遇到的是空袭，不是演习！"仅剩的瓦胡岛上的 32 个美军高射炮连，这才进入了战斗状态，开始对着敌机开火，但是已经于事无补，败局已定。

日本的第一轮攻击结束后，野村和来栖这两名在华盛顿的日本"和平使者"走进了美国的国务院大楼。把日本政府的"最后通牒"递交给了美国国务卿赫尔。一直在假装维护和平的日本，终于在这场历史性的大空袭中露出了自己的本来面目。

8 时 55 分，171 架飞机在岛崎海军少佐的率领下又对美军开始了第二轮的攻击，美军再次陷入灾难之中。

中弹后的战列舰"亚利桑那"号（排水量 34 万吨）还被引爆了舰首弹药舱，1000 多米的黑红色烟柱翻滚着向天空冲去。几分钟之后，1100 名舰员随着战舰一起沉入了大海。其他战舰也同样付出了惨重的代价。

这次珍珠港被袭，美军太平洋舰队舰艇一共约 40 余艘被日本击沉，450 架美机受到毁伤，毁坏了 18 座机库。有 2409 名美军死于这场战争，伤员共计 1178 人。太平洋舰队主力遭到了毁灭性的重创。而日本仅损失了 29 架飞机，55 名飞行员以及 5 艘特种潜艇。

珍珠港事件，打响了历时 3 年零 9 个月的太平洋战争，第二次世界大战的范围因此进一步得到扩大。珍珠港事件，迫使美国放弃了中立政策，宣布对日作战，成为了世界反法西斯战争阵营中的一员。

（佚名）

真正的价值

"你就如同这枚戒指，在这个世界上是无比珍贵和独一无二的，只有专家才能真正知道你的价值。你怎么能希望随便一个人就能发现你的价值呢？

一个年轻人觉得自己一无是处，什么事情也干不好，就去找一个智者。对智者说："我一事无成，没有人看重我，我该怎么办呢？"

智者说："孩子，你的遭遇我很同情，但我目前帮不了你，但是如果你愿意帮我解决一个问题，也许我就能帮你了。"

"好吧。"年轻人没有丝毫犹豫，爽快地答应了。

于是智者坐下来，脱下手指上的一枚戒指给年轻人，说："因为我欠有债务，需要金钱来偿还，你去集市上把这枚戒指卖了。卖的钱越多越好，但是无论如何不能少于一个金币。"

年轻人到了集市，但是，当集市上的人听到这枚最低价不能少于一个金币后，有的哈哈大笑，有的觉得年轻人头脑发昏。只有一位慈祥的老太太好心地告诉他要价太高了，这个价格是不可能卖掉的。

年轻人谨记智者的交代，穿过集市，继续四处兜售戒指，但没有一个人愿意出一个金币来购买它。最后，年轻人垂头丧气地回来了。他想如果自己能有一个金币，那该有多好，这样就可以帮智者还债，而智者就可以给他忠告和帮助了。

年轻人说："对不起，我没把这个金币给卖掉。也许我可以卖到两个或三个银币，但我觉得那不是这枚戒指的真正价值。"

"年轻人，你说得很对。"智者微笑着说，"没有人比珠宝商更知道它的价值，你现在再去一趟珠宝店，你就跟珠宝商说我要把戒指卖掉，问他能出多少钱，但不要真卖戒指，问清楚价格后再把戒指带回来。"

珠宝商拿着戒指看了又看："回去告诉智者，我可以用 68 个金币来买他这枚戒指。"

年轻人惊呼起来："68 个金币！"

"对。"珠宝商说，"如果不急着脱手的话，可以再等等，也许能卖到 90 个金币。"

年轻人兴奋极了，迫不及待地跑回去把这一切告诉智者。

智者说："你就如同这枚戒指，在这个世界上是无比珍贵和独一无二的，只有专家才能真正知道你的价值。你怎么能希望随便一个人就能发现你的价值呢？

（佚名）

爱在无语时

> 丹尼尔所说的那句话，虽晦涩又老套，似乎空洞无文，然而却道出了我内心一切真实感受。

在家门口，我目不转睛地看着 23 岁的儿子丹尼尔的脸，他把背包放在身旁。我们正在道别，几个小时后他将飞往法国，在那里生活一年。他要学习另一种语言——法语，并将在一个陌生的国度，体验一种全新的生活。

对丹尼尔来说，这是一个过渡时期，也是他走出象牙塔，迈入成人社会的第一步。我希望赠给他几句话，几句能让他受益终生的话。

但最终我还是一句没说出口。我们的房子位于海边，此刻屋内一片寂静。屋外，海鸥盘旋在波涛汹涌的长岛海域上空，不停地尖叫着。我就这样呆呆地站着，默默地注视着儿子那双充满渴盼的双眸。

令我困窘的是，我已不是第一次让宝贵的时间这样白白地从我身边溜走了。丹尼尔5岁时，幼儿园开学的第一天，我带他来到校车站点。当校车出现在拐弯处时，他的小手把我紧紧地攥住，我明显地感觉到了他的不安。校车到站那一刻，丹尼尔满脸通红，望着我——就像现在这样。

以后会怎样呢，爸爸？我能行吗？我会令您满意吗？他边上车边说着，很快脱离了我的视线。车开走了，我却始终一句话也没能说出口。

10余年后，类似的场景又一次重现。我和妻子开车送丹尼尔去弗吉尼亚的威廉玛丽学院上学。到学校的第一个晚上，丹尼尔就和他的新同学一起外出了，次日早晨我们再见他时，他病了。其实当时他体内的白血球已经在开始增多，而我们却并不知晓，以为他只是酒喝多了。

当我准备启程回家时，丹尼尔正躺在宿舍的床上。我很想对他说些鼓励的话，激发他面对新生活的勇气和信心，但我却再一次语塞，只是嘀咕了一句"愿你早日康复，丹尼尔"就转身走了。

此刻，我站在丹尼尔面前，回想起那些被错过的时刻，感叹我们曾让多少宝贵的时光白白流逝啊？从儿子的毕业典礼到女儿的婚礼，太多太多了。我们参加了那些重要的仪式，但却从未将孩子从人群中找出来，拉到安静的角落，亲口对他们说，他们对于我们来说有多么重要，也从未与他们探讨过未来的道路。

时间过得真快啊！1962年，小丹尼尔出生在洛杉矶的新奥尔良。与同龄的其他孩子相比，他学走路和说话都很晚，个头也不高。尽管他是班级里最瘦小的，但是他性格外向，热情开朗，很受欢迎。由于他动作协调性好且身手敏捷，不久便成了运动健将。

棒球运动是丹尼尔一生面对的最早的一项挑战。他是少儿棒球队一名出色的投手，上高三时，他就率队南征北战，所向披靡，曾创下了七局五胜的记录。在毕业典礼上，棒球队教练授予他"最有价值的球员"称号。

一次校园举办科技展览会，那算是丹尼尔最辉煌的时刻了。他带着他的循环电路系统参加了那次展览。其他同学的参展作品非常新奇，大多是些由电脑操控的、熠熠发光的模型，与他们相比，丹尼尔的作品真是相形见绌，就连我的妻子莎拉都替儿子感到尴尬。

　　我们后来才知道，其他孩子的作品都是父母代做，而并非他们亲手完成的，现场评委们评审时发现那些孩子对自己的参展作品一问三不知，只有丹尼尔能对答如流。于是，他们把"最佳作品"这一奖项颁给了丹尼尔，并授予他"阿尔伯特·爱因斯坦"奖牌。

　　丹尼尔刚入大学时已身高 6 尺，体重 170 磅，俨然一个男子汉。放弃棒球选择英国文学后，身强体壮的丹尼尔就再也没接触过棒球。他放弃自己的体育特长，我深感惋惜，同时也为他能慎重地做出这样的决定而骄傲。

　　一天，我告诉丹尼尔，我没能在大学毕业时抽出一两年时间去旅游，为此我一直感到遗憾。我认为旅游是开阔视野，练达人性的最佳途径。但是，工作成家后，体验异域文化的这种梦想自然就会被抛至九霄云外。

　　丹尼尔若有所思。他的朋友曾对他说，为了旅游而荒废事业，是不明智之举。然而他发誓他不会疯狂到荒废事业的地步。毕业后，他在大学餐厅里当服务生，骑单车送报纸，还做过油漆工。他用打工赚得的钱，凑够了去巴黎的路费。

　　丹尼尔离开的前一天晚上，我躺在床上翻来覆去难以入眠。我想理一下思路，想好明天该对他说的话，大脑却一片空白。也许根本就没必要说那些无聊的话，我安慰着自己。

　　一位父亲一生都没能告诉儿子自己对他的看法，那又怎样？可是，当我面对丹尼尔时，我却感觉将我对他的看法告知他是非常必要的。我和父亲彼此都深爱着对方，但我从未听过他的心里话，从没有一个感人的场面供我回忆。为此，我总是满腹遗憾。此时，我手心出汗，喉咙哽咽。难道对儿子说几句心里话就这么难吗？我口干舌燥，想必我顶多只能清晰地吐出几个字。

　　"丹尼尔，"我终于开口说话了，"如果上帝再给我一次选择儿子的机会，我仍会选择你。"千言万语都化做了这一句话。我不知道他是否理解了我的意思，但他扑过来将我抱住了。那一刻，世间一切都不复存在，只有我和丹尼尔站在海边我们家的小屋里。丹尼尔嘴里也说着什么，然而泪水模糊了我的双眼，他说的话我一个字也没听进去。只是当他的脸凑到我面前时，我感觉到了他下巴上的胡子茬。而后，一切又恢复正常。我继续我的工作，几小时后丹尼尔带着女朋友离开了。

转眼 7 周过去了，每每周末在海边散步我都会想起丹尼尔。在这茫茫的大海对岸，几百英里以外的某个角落的丹尼尔，此刻也许正飞奔穿越圣热蒙大道，或者徘徊于卢浮宫内散发着霉味的走廊上，抑或是正托着腮坐在左岸咖啡馆里小憩。我对丹尼尔所说的那句话，虽晦涩又老套，似乎空洞无文，然而却道出了我内心一切真实感受。

（佚名）

博比的礼物

> 户外凛冽的寒风扑面而来，但他们却感觉不到一丝寒意，心里依然温暖如春。

外面下着雪，博比站在后院，感觉越来越冷。博比不爱穿靴子，况且他也没有靴子可穿，所以只能赤脚站在雪地里。脚上的运动鞋薄薄的，已经磨出了好几个洞，不论怎样也抵挡不住冬季的严寒。

博比已经在后院待了整整一个小时。送给母亲什么礼物好呢，他绞尽脑汁，左思右想，心里一点主意都没有。他边想边摇头，"不行，即便我知道送什么，也买不起。"

3 年前博比的父亲去世了，之后，这个五口之家一直在生活的最底线上挣扎。不是因为母亲没有尽心尽力，只是她赚来的那点儿可怜的薪水远远不够家用。母亲在医院上夜班，她赚的那点儿少得可怜的薪水能够维持到现在已经不错了。

尽管家里很穷，但大家都相亲相爱，关系和睦。博比有两个姐姐和一个妹妹，母亲外出时，她们会把家料理得井然有序。

姐妹们都准备好了漂亮的礼物送给母亲。现在已经是平安夜了，但是博比依然两手空空。不管怎样，他心里总觉得不平衡。

博比擦了擦泪水，用脚踢着地上的雪，往街上的商店走去。对于一个 6 岁就失去父亲的孩子来说，这件事确实不容易，特别是想对父亲倾诉心里话时。

博比从一家家商店走过，从每个装饰华美的窗户往里望，里面的东西那样艳丽无比，又那样遥不可及。天渐渐黑了，博比极不情愿地往回走，突然，他看到路边的一个东西，在夕阳的映照下，闪闪发光。他走过去，蹲下身，发现那是一枚亮晶晶的一角硬币。

那刻，博比一下子觉得自己变成了富翁，手里揣着新发现的珍宝，顿时觉得一股暖流涌遍全身。他走进附近的一家商店，可不管在哪家店，店员都告诉他一角钱什么也买不到，先前的兴奋感顿时消失得无影无踪。

他走进一家鲜花店，排队等候买花。店主问他要买什么，博比拿出那枚硬币，问店主是否能买一枝鲜花作为送给母亲的圣诞礼物。店主看了看博比和他手里的那枚硬币，拍了拍他的肩膀，说道，"你等一会儿，我看看能不能帮上你的忙。"

博比一边等一边看着店里那一束束美丽的鲜花，即使他是个男孩，也可以理解母亲和女孩子为什么喜欢鲜花。

最后一位顾客离开了，商店关门的声音使博比清醒过来，店里只剩下博比一个人，他开始感到孤独，甚至有些害怕。

突然，店主出来了，走到柜台前。博比的眼前出现了由 12 朵玫瑰扎成的一束鲜花，长长的根茎上长着青翠的叶子，玫瑰花的周围是些小白花，所有这些花，由一根宽宽的银色丝带扎成一束、店主将这束花轻轻地放进一个白色的长方形盒子里，看到这些，博比的心立刻沉了下去。

"孩子，这束花 10 美分。"店主边说边伸手去拿博比手中的硬币。博比慢吞吞地把钱递给了他。这是真的吗？没有人愿意用一件东西换一角硬币！看到博比那迟疑不决的样子，店主补充道："碰巧我有一角钱一打的玫瑰要卖，你想买吗？"

这次博比不再犹豫了，当店主把长方形盒子放到他手中时，他才明白这是真的。博比往门外走去，店主为他拉开门。他听到有人对他说："圣诞快乐，孩子!"

　　然后，店主返回店中。他的妻子走了出来，问道："你跟谁说话呢？你把扎好的那束玫瑰花放哪里了？"

　　店主望着窗外，眼中不禁涌出了几滴泪珠，他回过头对妻子说："今天早上碰巧有件怪事。我收拾好东西，准备开门时，似乎有个声音在对我说，扎一打最好的玫瑰作为一个特殊的礼物。那时我不能确信我是否是头脑发热，但我还是这样做了。正好几分钟前，一个小男孩来到店里，要拿一角钱买礼物送给母亲。看到他，我就看到了数年前的自己。当时，我也是一个穷孩子，没有钱给母亲买圣诞礼物。一个陌生的留胡子的男子在街上拦住了我，告诉我他要给我 10 美元。今天晚上看到那个孩子时，我突然知道早上那个声音是谁了，于是我扎了 12 朵最好的玫瑰送给他。"

　　店主和他的妻子紧紧地互相依偎着，走出店门，户外凛冽的寒风扑面而来，但他们却感觉不到一丝寒意，心里依然温暖如春。

　　　　　　　　　　　　　　　　　　　　　　　　（佚名）

向善的灯

　　　　勿以善小而不为，微不足道的善举，就可以给他人带去温暖，
而回报给自己的，可能是更大的快乐。

　　巴西，一个暴风雨之夜，在某个偏僻的山村里，有位女士即将临盆，可她的丈夫在监狱里，身边只有一个 5 岁的小男孩。情急之下，这位女士报了警。但是由于暴雨已经造成洪灾和泥石流，救护车和救灾人员已经全部出动了。

留守的警员只好打电话到地方服务社团团长家里，请求协助。那位团长马上答应，亲自驾车到女士家里，把她送到医院。母亲顺利生产，母子平安。这时，团长才想起孕妇家里还有一个儿子，没有人照顾，必须去把他接走，便用手机给社团的一位最不热心但也是最后一个还没有出动的成员打了电话，希望他能去救助那位受困的小男孩。

那位"落后分子"很不情愿地从被窝里钻出，懒洋洋地驾车到了小男孩的家。他一路上还一边诅咒鬼天气一边吹口哨。费了一番周折，终于找到了小男孩的家，把小男孩抱上了车。

那男孩上了车后，就一直盯着"落后分子"看，突然他开口了："先生，你是不是上帝？"

这位先生被突如其来的问话给震惊了，有些丈二和尚摸不着头脑，便吐掉嘴里的口香糖，有点结巴地问："小弟弟，为什么说我是上帝？"

小男孩说："我妈妈要出门时，告诉我要勇敢地呆在家里。她说，这个时候只有上帝能救我们。"

这位先生听了这话，脸一下子红了。他很惭愧，腾出一只手摸了摸孩子的头，慈爱地说："我不是上帝，我是你的朋友！"

他万万没有想到有一天自己也可以成为别人眼里的"上帝"，他突然觉得是那孩子天真的眼神点燃了自己内心的那盏灯，向善的灯。

（佚名）

不要让苦难打倒

意志坚强的人，面对困境却勇往直前，自然会看到光明。

曾经有一位伟大的小提琴大师，他在 4 岁时患上了麻疹和昏厥症，险些丧命；儿童时期，又患上严重的肺炎，中年时患上了严重的口腔疾病，口舌糜烂，不得不拔掉所有的牙齿；不久，他又染上了可怕的眼疾，视力严重下降，几乎不能看清楚地面走路，50岁后，他的身体又被相继发作的关节炎、肠炎、喉结核等疾病折磨；最后，他完全不能发出声音，只能由儿子凭他的口型翻译他的思想，一直到他57岁那年，他离开了人世。

这位小提琴大师，从4岁时便开始与苦难为伍，直到死时依然没能摆脱疾病的困扰，但是这些苦难并没有吓倒他，相反，他却在苦难中脱颖而出。

他就是世界超级小提琴大师尼可罗·帕格尼尼。

帕格尼尼自幼喜欢小提琴，他为了练习拉琴，长期闭门不出，把自己禁闭起来，每天疯狂地练习10个小时。

帕格尼尼13岁时，开始周游各地，过着流浪者的生活。他除了身上的一把琴，一无所有。他同时坚持学习作曲与指挥艺术。通过艰辛的努力，他创作出了《随想曲》《无穷动》《女妖舞》和6部小提琴协奏曲及许多吉他演奏曲。

15岁时，帕格尼尼就成功举办了一次音乐会，举世震惊，他从此一举成名，声誉传遍英、法、德、意、奥等很多国家。意大利帕尔马的首席提琴家罗拉听到他的演奏，惊异得从病床上跳下来，木然而立。维也纳一位听到他琴声的人，刚开始以为是一支乐团在演，当得知台上是他一人独奏时，大叫道："他是一个魔鬼。"

苦难没有打倒他，相反，他在苦难中成长为音乐巨人。帕格尼尼高超的小提琴技巧在人们之间广为流传，他是世界上第一个不需别人资助而可以到世界各地巡回表演的音乐家。他用他那魔鬼般的技巧演奏小提琴，成为一代小提琴大师。

（佚名）

从大楼到大学

尊重别人，保持低调的行事方式是真正成功人士的标志。以貌取人是为人之大忌讳。

一对衣着简陋的夫妇坐火车去了波士顿，到了目的地，他们直接进入哈佛大学。

"对不起，我们没有预约。但是，我们想见校长。"那穿着破旧的手织套装的丈夫开门见山地对办公室的秘书说。

秘书的眉头微皱："噢，校长，他整天都很忙。"

"没关系，我们可以等他。"穿着褪色方格棉布衣的妻子微笑着说。

但是几个小时过去了，秘书根本就没再搭理他们。秘书不明白这对乡下夫妇和哈佛大学会有什么关系。

她希望他们会察觉到自己的意思，然后主动离开。可是他们没有丝毫想走的意思，见到这样的情况，秘书觉得奇怪，于是决定还是去打扰一下校长。

她把经过告诉了校长。"可能，他们只需见您几分钟。"秘书对校长说。

校长的确很忙，他可能不会将太多的时间花费在那些看来无关紧要的人身上。尽管很忙，校长还是点头同意会见他的客人。

女士告诉校长"我们的儿子进入哈佛大学一年了，他爱哈佛大学，他在这里很快乐。"

"夫人，谢谢你的儿子爱哈佛大学，您知道，哈佛大学的学生都会爱哈佛大学。"校长说。

"可是在一年前，他意外地死了。"

"噢，听到这个消息我很难过！真不幸，夫人。"

"我丈夫和我想在学校的某个地方为他立一个纪念物，您看可以吗？"

"非常遗憾，夫人！"校长被这个想法感动了，但他说，"你知道，我们不可能为每一个进入哈佛大学后死去的人竖立纪念物。如果这样做，哈佛大学不就成公墓了吗？"

"噢，对不起。先生！"女士赶紧解释，"我们并不想要竖立一尊雕像。我们只是想说我们愿为哈佛大学建一座楼。"

校长的目光落在这对夫妇粗糙简陋的着装上，他惊叫道："一座楼？我没有听错吧！你们知道建一座楼实际上要花费多少钱吗？仅仅是哈佛大学的自然植物，价值就超过千万美元。"

校长为这对远道而来的夫妇感到悲哀，因为他觉得他们真是太幼稚了。女士沉默了，校长松了口气，他终于可以和这夫妇俩说再见了。

女士转过身平静地对她的丈夫说："亲爱的，这笔耗费不是可以另开一所大学吗，为什么我们不建立一所我们自己的学校呢？"

面对校长的一脸疑惑，她的丈夫坦然地点了点头。

这对夫妇离开了，然后他们去了加利福尼亚州。在那里，他们建立了以自己名字命名的大学——斯坦福大学。

（佚名）

儿 子

买了儿子画像的人将拥有这一切!

一位富人和他的儿子都非常喜欢珍贵的艺术藏品,他们的收藏应有尽有,从毕加索的到拉斐尔的。他们经常坐下来一起欣赏这些伟大的艺术作品。

越南战争爆发,儿子奔赴战场。英勇无畏的他,一次在救助另一个士兵时,不幸牺牲了,父亲听到这个噩耗,为家中唯一的儿子的死悲痛欲绝。

一个月后,也就是圣诞节前夕,门外传来敲门声,一位年轻人站在门口,手里还提着一大包东西。他说:"先生,您不认识我吧,您儿子就是为了救我才牺牲的。那天,他救了许多人的命,在把我背到安全地方的时候,一颗子弹射中了他的心脏,他就这样牺牲了。他常常提起您,以及你们对艺术的热爱。"

这位年轻人把包裹拿了出来。

"我知道,对于您来说这是微不足道的,虽然我不是一个真正的艺术家,但我认为您的儿子一定很想让您拥有它。"

父亲把包裹打开,一幅儿子的画像呈现在他面前,是这位年轻人画的。他吃惊地盯着画像,这位军人竟然将儿子的个性表现得淋漓尽致。画像上儿子那双眼睛深深地吸引了他,他不禁热泪盈眶。他谢过年轻人,并要付钱买下这幅画。

"噢,不,先生,我无法报答您儿子的救命之恩,就把这当做礼物送给您吧。"

父亲把儿子的画像挂在壁炉上方,每有客人来访,他都会先让他们看儿子的画像，然后再给他们看自己的艺术藏品。几个月后，富人去世了，他收藏的画将被隆重拍卖，许多业内名流齐聚于此，兴奋地欣赏着这些名画，他们都有机会买一幅，自己收藏。拍卖桌上放着那幅儿子的画像。

拍卖师敲着槌子说：“首先，我们拍卖这幅儿子的画像，有人愿意出价买它吗？”台下鸦雀无声。此时，叫嚷声从屋子的后面传来：“我们想看名画，略过这幅吧！”但拍卖师坚持着：“有人出价吗？谁先出价？100 美元，200 美元？”愤怒的叫嚷声又传来了：“我们不是来看这幅画像的，我们要看梵高、伦勃朗的画。开始正式拍卖吧！”但拍卖师仍继续拍卖这幅画像：“儿子！儿子！谁要儿子？”

最后，一个声音从屋子的最后面传来，是一位从事多年园艺工作的园丁和他的儿子。“我出 10 美元买这幅画。”因为太穷，他只能付得起这么多。“10 美元，有人出 20 美元吗？”“10 美元就给他吧，我们好来看大师的作品。”“出价 10 美元，真的没有人出 20 美元吗？”

人群愤怒了，他们不想看儿子的画像。他们想为自己的艺术收藏做些更有价值的投资；拍卖师敲起了槌子：“10 美元一次，10 美元两次，10 美元，成交！”第二排就坐的一个男人大叫着：“现在该开始拍卖收藏品了吧！”

拍卖师把槌子放下了。

“非常抱歉，拍卖已经结束，接受这次拍卖任务时，有人告诉我遗嘱里的一个秘密条约。现在我可以揭开这个条约的谜底了，那就是，只拍卖儿子画像，买了它的人有权继承这位富人的全部财产，包括这些名画。买了儿子画像的人将拥有这一切！”

（佚名）

179

业务员的坚持

遭遇挫折是人生必经的坎。当挫折来临的时候，我们没有选择，只能接受不可避免的事实并做自我调整。

秘书很谨慎地把名片交给正在埋头处理文件的董事长。和平时一样，董事长不耐烦地把名片丢回去。

秘书于是很无奈地把名片退回给站在门外的业务员。

业务员不以为然地再把名片递给秘书："没关系，我下次再来拜访，所以还是请董事长留下名片。"

拗不过业务员的坚持，秘书只好硬着头皮，再进办公室。董事长非常生气，将名片一撕两半，丢回给秘书。

秘书不知所措地愣在当场，董事长从口袋里拿出十块钱："十块钱买他一张名片，够了吧！"

当秘书略带歉意地递还给业务员名片与十元钱后，业务员反而很开心地高声说："请您跟董事长说，十块钱可以买两张我的名片，我还欠他一张。"随即，又掏出一张名片交给秘书。

秘书又拿着一张名片走到董事长面前，把门外业务员的话转告给了坐在办公室里的董事长。

董事长听到以后哈哈大笑，他离开办公桌走了出来："和这样的业务员谈生意，一定很愉快！"

（佚名）

成功没有想象的那么难

> 人世中的许多事，只要想做，都能做到；该克服的困难，也都
> 能克服，用不着什么钢铁般的意志，更用不着什么技巧或谋略。

并不是因为事情难我们不敢做，而是因为我们不敢做事情才难的。

1965 年，一位韩国学生到剑桥大学主修心理学。

在喝下午茶的时候，他常到学校的咖啡厅或茶座听一些成功人士聊天。这些成功人士包括诺贝尔奖获得者，某一些领域的学术权威和一些创造了经济神话的人，这些人幽默风趣、举重若轻，把自己的成功都看得非常自然和顺理成章。

时间长了，他发现，在国内时，他被一些成功人士欺骗了。那些人为了让正在创业的人知难而退，普遍把自己的创业艰辛夸大了，也就是说，他们在用自己的成功经历吓唬那些还没有取得成功的人。

作为心理系的学生，他认为很有必要对韩国成功人士的心态加以研究。1970 年，他把《成功并不像你想象的那么难》作为毕业论文，提交给现代经济心理学的创始人威尔·布雷登教授。

布雷登教授读后，大为惊喜，他认为这是个新发现，这种现象虽然在东方甚至在世界各地普遍存在，但此前还没有一个人大胆地提出来并加以研究。

惊喜之余，他写信给他的剑桥校友——当时正坐在韩国政坛第一把交椅上的人——朴正熙。他在信中说："我不敢说这部著作对你有多大的帮助，但我敢肯定它比你的任何一个政令都能产生震动。"

后来这本书果然伴随着韩国的经济起飞了。这本书鼓舞了许多人，因为他们从一个新的角度告诉人们，成功与"劳其筋骨，饿其体肤""三更灯火

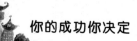
五更鸡""头悬梁，锥刺股"没有必然的联系。只要你对某种一事业感兴趣，长久地坚持下去就会成功，因为上帝赋予你的时间和智慧够你圆满做完一件事情。

后来，这位青年也获得了成功，他成了韩国泛业汽车公司的总裁。

（佚名）

无论如何，我都在你身旁

因为我知道您会等着我！不论发生什么事，您都会等我！

发生在 1989 年的一次 8.2 级地震，几乎将美国夷为平地，在不到 4 分钟的时间内，有 3 万多人丧生。在极度混乱中，一位父亲安顿好妻子后，冲到了儿子的学校，然而眼前的校园却已是一片废墟。

这触目惊心的一幕，让他回想起曾经给儿子的承诺："无论何时何地，发生什么事，我都会在你身旁。"想到这些，他的双眼不禁湿润了。目睹曾经的校园已成一片废墟，不能不叫人绝望，但对儿子的承诺始终回荡在他的脑海中。

他把注意力集中到每天早晨送儿子上学的那条路，印象中儿子的教室就在那幢楼后面的右侧角落处，他冲过去，开始在碎石瓦砾中挖掘搜索。

这时，其他家长也都赶到了现场，他们无助地、撕心裂肺地哭叫着："我的儿子啊！""我的女儿啊！"有些善良的家长试图劝这位父亲离开现场："晚了！他们去了！你也无能为力！""回去吧！要接受现实，你这样做也无济于事！"面对同为父母的人们的劝慰，这位父亲始终只回答一句话："你们愿意帮我吗？"然后继续他的挖掘工作。

消防队长来了，他也劝这位父亲撤离现场，并对他说："火灾正在发生，爆炸也随时随地有可能发生，这里太危险，让我们来处理，你还是回家去吧！"对此，这位善良慈爱的父亲只是回答："你们愿意帮我吗？"

警察也赶到了现场，劝他说："你现在又气又急，该醒醒了！你正在危及他人。回去吧，我们会处理好这儿的一切。"这位父亲依旧回答："你们愿意帮我吗？"人们都无动于衷，而他仍然一个人信心十足地挖着，因为他想给自己足够的理由来证明儿子是死是活！

他挖了8个小时……12个小时……24个小时……36个小时……在第38个小时的时候，他搬开了一块大石头，听到了儿子的声音，他兴奋地叫着儿子的名字："阿曼德！"儿子回答道："是爸爸吗？我是阿曼德，爸爸！我告诉其他小朋友不要担心。我告诉自己，如果您活着的话，就一定会来救我，他们也就会得救了。您答应过我，不论发生什么事，您都会在我身边，您真的做到了，爸爸！"

"里面情况怎样？"父亲问。

"爸爸，我们33个同学，只有14个还活着。我们都好怕，又饿又渴，谢谢您在这儿。教学楼坍塌形成的三角形洞，救了我们。"

"出来吧，孩子！"

"不，爸爸！让其他同学先出去，因为我知道您会等着我！不论发生什么事，您都会等我！

（佚名）

蔑视袋鼠的狼

　　不能正确认识自己，就会滋长骄傲情绪。往往会夸大自己的优点，而看不到自己身上的问题，却总是把别人看得一无是处。

　　红大袋鼠身材高大，站起来足有两米多高，比最高篮球队员还高。但是，它的四肢可就太不成比例了。红大袋鼠两条前腿又短又细，成天垂在胸前，奔跑的时候，全仗两条粗壮的后腿。

　　一只狼第一次来到澳洲，见红大袋鼠是这么个怪模样，感到十分可笑"喂，傻大个儿，动物们都是靠四条腿奔跑的。你的两条前腿几乎跟废物差不多，仅靠后面的两条腿，怎么能跑得过其他动物呢?"

　　袋鼠笑笑说："我有我的办法。"

　　狼讥笑它说："你有什么办法，跪下求饶是不是?"

　　袋鼠说："既然你那么看不起我，咱们俩比试比试如何?"

　　在动物中，论赛跑，狼跟虎、豹和梅花鹿比起来，自然不在一个级别；但跟眼前这个只有两条腿起作用的傻大个儿比赛，它却充满了自信。

　　狼说："如果你输了，从此称我老师怎样?"

　　袋鼠说："如果是我赢了呢?"

　　"那我就是你的学生!"狼说。

　　赛跑开始了。起初，狼并没有把全部本事拿出来。在它看来，跟这个傻大个比赛，只用八分力气也就足够了。

　　没想到只过去几分钟，它就发现自己完全估计错了。大袋鼠虽然两只前腿不大管用，但却有两只强健的后腿和一条非常健壮的大尾巴，这条大尾巴又粗又长力气又大。平时，大袋鼠靠着它支撑身体，奔跑的时候，它就跟弹簧一样，帮助大袋鼠向前跳跃。

　　大袋鼠一次次跃起，这根大弹簧推动他不断地向前腾跃。这条尾巴和两只强劲有力的后腿配合非常默契，大袋鼠一蹬一弹、一起一落，在空中接连出一道道美妙的弧线。

狼还没有回过神来，大袋鼠已经跑得无影无踪了。

（佚名）

枯萎的狗尾草

人在逆境时，就要保持宽容淡泊的心态；而在顺境时，也不要沾沾自喜，狂妄自大，做好自己应该做好的事。

有一天，一个国王独自到花园里散步，使他万分诧异的是，花园里所有的花草树木都枯死了，园中一片荒凉。后来国王了解到，橡树由于没有松树高大挺拔，因此轻生厌世死了；松树又因自己不能像葡萄那样结许多果子，也自惭死了；葡萄悔恨自己终日匍匐在架上，不能直立，不能像桃树那样开出美丽可爱的花朵，于是也死了；牵牛花也病倒了，因为它叹息自己没有紫丁香那样芬芳；其余的植物也都垂头丧气，无精打采，只有细小的狗尾草在茂盛地生长。

国王问道："小小的狗尾草啊，别的植物全都枯萎了，为什么你这株小草这么坚强乐观呢？"

小草回答说："国王啊，我一点儿也不灰心失望，因为我知道，如果国王您想要一棵橡树，或者一棵松树、一丛葡萄、一棵桃树、一株牵牛花、一棵紫丁香等等，您就会叫园丁把它们种上，而我清楚您希望于我的就是要我安心做小小的狗尾草。"

国王说："你们过去是花园里最不显眼的，那么现在我要让你们成为最显眼的。不，我现在不再让园丁种植其他的花草树木了，而只让他们来伺候

你们，给你们最充足的水分和养料，给你们无微不至的照顾。"

于是，花园里就只剩下狗尾草在茂盛地生长，花园里的风景一天天变得单调了。但这都没有什么，奇怪的是，尽管这样，狗尾草反而开始变得不安心了。因为它们对自己的期望越来越高了，它们要求有更好的照顾和营养，它们以为只要通过精心的培养，它们最终就能同时拥有松树的高大挺拔、葡萄的多果多实、桃花的美丽婀娜和紫丁香的芬芳诱人。由于达不到它们理想的效果，它们就变得越来越苦恼和经常抱怨了，从而也就越来越憔悴了。

它们甚至开始变得越来越容不下其他的花草了，偶尔有风或者鸟带来其他花草的种子，它们就排挤这些与自己不同的花草，说这些花草不美，央求园丁把这些花草清除出去。它们甚至自己内部也互相妒忌，互相排挤。

于是，当国王后来再一次来到花园的时候，他看到的只是一片枯萎的狗尾草。

（佚名）

第六辑　最好的感谢

"我早上要去爷爷家陪他，正好路过那个地方，看到你躺在地上，我就想起了爷爷说他年轻的时候被一个和我一样大的男孩救起来的事。我想我也一定能够做到，于是我就使出全身的力气拉你。幸好你还不算重，我成功了，回去后一定告诉爷爷。他告诉我要尽力帮助每一位需要帮助的陌生人，我今天做到了。"

笨蛋的小纸条

在适当的时候，记得肯定他人，你会有意想不到的收获。

只要我还活着，我是不会忘记在 1991 年我第一次遇见阿尔文·C·汉斯时的那一幕。

在少管所的课堂上，另外一位同学在向我们介绍他时并没有使用"阿尔文·C·汉斯"这个名字——甚至是公开的？他称呼阿尔文是"笨蛋"。立刻，我对阿尔文的这个绰号感觉听起来很刺耳。

这位身材修长、说话柔和的人在同我握手不愿正视我。不用说，"笨蛋"是个秃头，他两鬓的头发顺着肩膀披在了背上。虽然我只是注视着他的脸并尽量不往上面看，但我还是觉察到了在他秃头的上面刺有一个巨大的（并且很具威慑力的）图案（不错！他头上有刺青！）。那刺上去的图案是哈利·戴维森，它覆盖了他的整个头顶。

作为一名老师，我尽量使自己在紧张的时候保持镇静，并努力让第一天的课顺利完成。下课后，"笨蛋"随着人群往教室外走，在经过我身边的时候，悄悄地塞给了我一张纸条。我当时想："噢，不！他一定是要告诉我如果我不给他一个好成绩的话，我将会被他的其他'哈利'同伙'干掉'，或者别的类似的事。"过了一会儿，我找机会看了一下那张纸条，只见上面写着："讲授（他总是叫我'讲授'），早餐是很重要的，如果总不吃，你的身体会受不了的！——笨蛋，蒙泰·希培亚。"

过了几个月，笨蛋跟着我学完了一系列的六门课程。他是一个优秀的学生，很少说话。而且，他几乎每天都要递给我一张纸条，里面有各种类型的格言、珍闻、轶事或者是一些关于生活的明智的建议。我渴望能够收到这些纸条，而且如果他偶然没有给我时，我会有一点失望的感觉。时至今日，我依旧保留着这些小纸条。

笨蛋和我一见如故，不知怎么的，我知道每次我开口讲课，他一定能理解我，他总是静静地记录下所有我讲过的东西。我们被联系在一起。

课程结束之后，每一个学生都得到了一个证书，笨蛋已经学完了所有的功课，并且整个过程的所有工作都完成得非常出色，我愉快地授予了他证书。

在我授予他结业证书时，我们两人是单独在一起的。我和他握了握手，简单地对他说，有他在我的课堂上，的确很让人高兴，并就他的刻苦努力、良好的上课率以及认真的学习态度给予了表扬。他当时的回答一直铭记在我的心里，并时时对我的生活产生深刻的影响。他用温和的声音说："谢谢您，拉里，在我的生活中，您是第一位对我说'我做的一切都对'的老师。"

在我离去时，我感觉心潮澎湃、思绪万千。我想到在笨蛋成长岁月的所有日子里，竟没有一个人对他说他做的一切都对。我的眼泪禁不住流了下来。

现在，我脱离了"守旧派"，我个人是在保守的环境中长大的，我坚信罪犯必须为他们的过错付出代价并有责任被拘留。我曾好几次问自己："是否有可能，仅仅是可能，那就是笨蛋要是听到过'你做的对'或'做的好'，他还会进入监狱吗？"

那一刻的经历深深地印在了我的心里：我确信我懂得了在某种积极的意义上，每一个学生都有做得正确的事情。

谢谢，笨蛋，你告诉了我这个。同样，我有很多事做得也是正确的。

（佚名）

父亲的老师

> 不管一个人取得多么值得骄傲的成就，都应该饮水思源，应当记住自己的老师为他的成长播下最初的种子。

昨天我和父亲做了一次愉快的旅行。

前天晚餐桌上，父亲在看报纸，忽然吃惊地说："我小学一年级的克洛西迪老师还活着呢！今年84岁了，做了60年教师。报上说，教育部授给他'从教60年奖章'哩！60年，你懂吗？他前两年才退休。我以为他早在20年前就死了呢！呵！可怜的克洛西迪老师！他现在住在康多夫，一小时火车就到了。我们明天去看望他老人家吧！"

那天晚上，父亲尽讲着和那位老师有关的事，由这位老师的名字回忆起小时候的许多事，早期的同学，死去的祖母。父亲说："克洛西迪老师教我们班的时候；才40来岁。我还能想得出他的模样。他身材不高，背有点弯，眼睛有神，胡子经常修得很干净。他对我们要求很严，但讲究方式方法。他像父亲那样爱护我们，谁有了过失，只要不是故意犯的，他都能宽恕。他出身农家，是从穷困中努力学习出来的，是个好人。你们祖父母和他很熟悉，像老朋友一样。他现在回到康多夫来养老了，即使见了面，恐怕也不认得我了。44年过去了！安利柯！我们明天去吧！"

昨天，我们坐上9点钟的火车。原想邀卡隆一块去，他因母亲有病，不能去了。这是一个美丽的春日，火车驶过一片新绿的田野，树篱间红花千百，空气芳香，令人心旷神清。父亲抚着我的肩，望着窗外愉快地回忆说："除了我的父母以外，克洛西迪老师是最疼爱我、教育我向善的人了。老师对我的教导我永远不会忘记，而他对我进行尖锐的批评，我为此不大服气地回家的情景也还记得。他的双手又大又瘦，每天准时来到教室，用同样的姿势把手杖放好，大衣挂好。他每天的情绪都很好，做事谨慎小心，意志坚定，全神贯注。我现在耳朵里还响着他的声音：'勃迪尼，要用食指、中指和拇指这样地握紧笔杆呵！'已经44年啦，老师的模样不知道变成怎样了呵！"

康多夫车站很快就到了。我们按地址打听老师的住所，一问，许多人都知道。

我们走出街区，转入一条两旁围着开花树篱的小路。父亲默默地走着，完全沉浸在往事的回忆中，有时微笑着摇摇头。

突然，父亲停下来说："那就是他，我断定是他！"

从小路上面下来一个戴草帽的白须老人，拄着手杖，拖着两脚走路，两手颤抖着。

"果然是他！"父亲重复说，急急迎上前去，到老人跟着站住，老人也站住打量着来客。他脸色红润，眼睛闪闪有光。

父亲摘下帽子说："您就是文生佐·克洛西迪老师吗？"

"我就是！"声音洪亮而略有颤抖。

父亲握着老师的手说："那么，请允许您以前的学生握您的手并向您问好！我是特意从都灵来看望您老人家的。"

老人出乎意料地注视着来客说："谢谢有心！你是我什么时候的学生？对不起，你的名字是———"

父亲把艾伯托·勃迪尼的姓名和曾在孔索泰拉广场上学的时间说了，又说："难怪老师想不起来，但我是记得老师的。"

老人低头默想了一会儿，又把父亲的姓名反复念了几遍。我父亲站在旁边，微笑地望着他。忽然，老人抬起头来，张大眼睛笑着，慢慢地说："艾伯托·勃迪尼，对了，是勃迪尼工程师的儿子。"

"正是！正是！"父亲回答说。

"那么，"老人说，"请允许，尊贵的勃迪尼君，请允许我。"他走前一步拥抱我父亲，他的白头靠着我父亲的肩膀，父亲的下巴抵着老人的额。

"非常感谢你来看我！"他随即转身，领我们到他家去。

老师领着我们走到一所带有花园的两扇门的小屋前，其中一扇门前面围着一片白粉断墙。老师开了第二扇门，招呼我们进屋。屋里四面白粉墙，一角摆着一张帆布床，铺着蓝白格子床单。另一角是书桌和书架，四张椅子。粉墙上挂着一幅旧地图，室内充满苹果香味。

我们三人坐下，沉默了一会儿。

"勃迪尼君！"老师注视着棋盘式的地砖上的日影说，"我还记得很清楚，你一年级的时候，是坐在窗口左侧位置上的。让我想想看，我还记得你是卷发的。"他又回想了一会儿说，"你是一个活泼好动的孩子，你有一个贤惠善良的母亲。我记得你上二年级的时候，患过一次喉炎，是吧？病后回到学校来，很瘦，是裹着大围巾来的。40多年了，你还没有忘记我，真难得！前些年还有不少旧时学生来，他们有的当了团长，有的当了神父，还有些做了绅士。"

老师问了父亲的职业和家庭状况，又说："你来访我，很难得，近来访我的人少了，恐怕你是最后一个来这里的了，尊贵的勃迪尼君！"

"哪里！哪里！您很好，精神还很健旺，不要说这样的话。"

"呵！不！你看见了吗！我的手总是这样颤抖。"他伸出手来，"这是一个不好的信号。三年前就患上了这毛病，当时我还在学校教书，没有注意，以为它自然会好起来的。谁知竟然渐渐严重起来，终于连字都不能写了。有一天，突然手一震，墨水洒脏了学生的笔记簿，我真是钻心似的难过。但我还勉强支持了一段时间，就再无力支持下去了。就在我从教60年的时候，不得不和学校、学生以及我的工作告别了。你知道，那真难受呀！我讲完最后一课，同学们送我回家，又为我做了许多事。但，我是悲哀的。我知道我的生命快要结束了。两年前，我的老伴撒手归天。不久，唯一的儿子又死了。现在，我身边只有两个孙儿务农，靠政府每年发的几百里拉养老金过日子，什么事都不能做。白天盼着天黑，晚上又盼着天亮。我现在能做的只有读些以前读过的书，或翻看以前学生所写的笔记，就在这书架上，这是我过去几十年教书生涯的纪念。除了这些以外，我没有其他东西了。"

说到这里，老师忽然眼睛一亮，站起来愉快地说："有一件东西你看了真要觉得意外呢！"说着，把书桌下面的抽屉拉出，里面有一些旧纸扎，每扎都用绳子捆着，写着日期年份。他抽出其中一扎，翻出几张变黄的纸交给父亲，原来，是父亲当年的一份课堂练习，上端记着"听写，艾伯托·勃迪尼，1838 年 4 月 3 日"，下面就是父亲笔画幼稚的草书。父亲微笑地看着，眼里浮起泪光，拿来给我看。

　　"这份练习是母亲给我改错的，当时发回来让家长写评语。下面这一行字就是你祖母仿着我的笔迹替我完成的，因为那天晚上我实在疲倦得写不下去了！"父亲边说边在纸上吻着。

　　老师又拿出另一扎纸来。

　　"你看，这是我保存下来的另一项纪念品。每学年，我把学生的作业拿出一份，按照日期顺序保存起来。有时打开看看，一幕幕的往事就浮现在眼前，好像重新回到过去的日子里了。我闭上眼睛，一个个熟识的面孔在我面前闪过，现在也许不少人已经谢世了呢！其中表现得特别好和特别坏的我都记得。那些表现好的，留给我很大的欣慰，那些表现不好的，也给我留下一时的遗憾。在那么多人当中，有几条蛇是不足为怪的。不过现在追忆起来，就好像另一个世界的事，无论好坏，对我来说，都同样可爱。"

　　他重新坐下，握着我的手。

　　"老师！您还记得我那时的恶作剧吗？"父亲笑着说。

　　"你吗？"老人也笑了，"没有，一时想不起来，但这并不意味着你没有调皮过。但，你是一个很有见识的孩子，按你的年龄来说，也算是比较纯净的一个，我记得你母亲非常爱你。感谢你盛情厚意来看我，你怎么能离开你的工作来看我这个可怜的老师呀！"

　　"克洛西迪老师！"父亲愉快地说，"我还记得母亲第一次送我上学的情景。那是她第一次和我长达两小时的分别，让我独自离家，交给一个不相识的人。我进入学校就像进入另一个世界——似乎是痛苦而又不可避免的分离的开始。第一次将母亲和儿子分开，好像永远不会完整地归还给她似的，母亲比我更难过。我颤声向她告别。她走出大门，我又一次噙着眼泪，透过大门玻璃向她挥手。这时，老师，您来领我回教室去，并用另一只手

抚着心口，好像在说：'信任我吧！夫人！'就是这手势，这眼光，我知道您完全了解我们母子间这时的心情。这种手势就是一种崇高的许诺，它意味着保护、慈爱和恩惠。那时，老师的形象便永远刻印在我心里。就是这个印象，使我特地从都灵来见您，我来的目的就是要向您说一句：'亲爱的老师，谢谢您！'"

老师暂不作答，用手抚弄着我的头发。他的手有点震颤。由头发到前额，又由前额抚到肩膀上。

这时，父亲注意到老师简朴的居室，有点破旧的床，窗台上放着一点面包、一小瓶食油。他的眼神好像在说："可怜的老师！您从事教育 60 年，就只有这一点报酬吗？"

老人对此却是满意的。他开始更多地谈到我的家庭，昔日的同事和学生，但有些则记不清了。他们互相通报了一些人的消息。

不觉已到了晌午，父亲请他一起到街上去午餐，老师不想去，反复说谢谢。父亲拉着他坚请，他才说："我的手这样颤抖，对谁都是一件苦事！"

"老师，我会帮助您的。"他听父亲说了，才摇摇头，微笑着站起来。

"今天是个好天气。"老师把篱门关好说。"好天气。尊贵的勃迪尼君，我相信你一定比我长寿！"

父亲搀着老师，老师拉着我，一起走下斜坡。路上遇见两个牧牛的赤脚少女和一个挑着稻草的男孩。老师说，那是附近学校三年级的学生。他们上午把牲口赶到牧场，然后赤脚下田耕作，下午又穿着鞋子去上学，时近中午，再没有遇到什么人了。

不几分钟，我们到了一间饭店，在一张大餐桌边坐下。老师坐在我们中间，开始午餐。饭店清静得好像女修道院。老师很高兴。他的兴奋加剧了他的颤抖症，吃东西很困难。父亲替他切肉，切面包，加佐料到他的碟子里。

为了喝汤，他只好把汤倒在杯子里捧着喝，杯子碰到他的牙齿。老人很健谈，谈他以前读过什么书呀，现在的教育情况呀，近年来的政治制度呀，上级对他的表扬呀，总是说不完。他脸色比刚才更红，显得平静从容，兴致很好，笑起来还像个年轻人。

父亲用好像有时在家里看我的表情端详着他，又偏过脸去自己想着，微笑着。

老师不小心把酒洒在了衣服上，父亲用餐巾替他拭干，又给他斟上。老师微笑着说："对不起！对不起！"又说了几个拉丁字。然后，颤抖着举杯祝酒：

"为了你和全家的健康、为了对你父母的纪念，干杯！"

"老师！我也祝您身体健康！"父亲也举杯向老师祝酒。

饭店主人和侍者站在一旁微笑着，看他们乡里的老师受到这样的礼遇而感动。

餐后已经是两点钟了，老师要送我们去车站。父亲还是搀着他，他拉着我，我替他拿手杖。街上不少人都停下来看我们，并和老师打招呼。我们走过一扇开着的窗子，从窗口传出许多小孩念书和拼音的声音。老师停下来，黯然说："我敬爱的勃迪尼君，每听到小学生的读书声，想起我不能再回到学校教书，而是别人在那里了，就使我痛苦。这音乐我听了 60 年，已经迷上它了。现在我已经失去了我的家庭，也没有了儿子。"

"不！老师！"父亲对他说，重新往前走。"您有许多儿子，分散在世界各地，他们也像我一样经常怀念着您呢！"

"不！不！我再也没有学校，也没有儿子，而没有儿子我是活不长的，我的末日就要到来了。"

"请不要这样说，也不要这样想，您已经做了许多好事，把一生都贡献给高尚的事业了。"

我们进入车站，火车已停在站上了。老师和父亲拥抱，和我握手道别。

"再见！老师！"父亲在老人双颊上亲吻。

"再见！谢谢！再见！"老师双手握着父亲的手，把它贴到他的胸前。

我去吻老人的面颊时，他的脸孔被泪水打湿了。父亲推我上了车厢，迅速地把老师的手杖拿过来，把自己镶着银头、刻着姓名的华贵手杖给了老师，说："请把这当做我的纪念吧！"

老人正想推辞不受，父亲却转身上车，关上车门了。

"再见！慈爱的老师！"

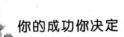

"再见！我的孩子！"老师回应说。这时列车已经开动。

"你们给了我这个穷老头很大的安慰，愿上帝保佑你！"

"我们以后见！"父亲充满激情地说。

老师用颤抖的手指着天空说："在那上面！"

一会儿，老师高举着手的身影也消失了。

（佚名）

镇长的花圃

　　胸襟开阔、充满爱心的人，可以终身生活在幸福和关爱之中，
这些幸福和关爱既来自于别人，也来自于自己

　　洛克菲勒年轻的时候就像当时很多的少年一样，年少无知，到处流浪，
得过且过。不过，洛克菲勒怀有十分远大的理想，他期望自己有一天能够
有一笔任由自己支配的巨大财富。

　　带着这个伟大的梦想，洛克菲勒来到了距离家乡很远的一个偏僻小镇。
在这个小镇上，洛克菲勒结识了镇长杰克逊先生。杰克逊先生已经年过五
旬，他一直以来都生活在这个虽不繁华但是却令自己倍感亲切的小镇上。
他担任这个小镇的镇长已经很多年了，但是镇上的人们却从来没有想到要
选举新的镇长来替换他。

　　的确，杰克逊实际上也是担任镇长的最佳人选，他性格开朗、为人热
情，而且平易近人，更重要的是，他的心地十分善良。无论是当地人，还
是来到这个小镇上的人，只要与杰克逊有过一定的接触，他们就会深切地
感受到杰克逊的热情和善良，同时也会受到感染。

　　洛克菲勒住的小旅馆就离镇长杰克逊家不远。每当洛克菲勒站到旅馆旁

的大门前向远方遥望时，他都会看到镇长家门口的那片长满各色鲜花的花圃。每次遇到洛克菲勒时，镇长都会停下忙碌的脚步问这个独在异乡的年轻人有什么需要帮忙的地方。当洛克菲勒需要一些生活用品时，热情的镇长夫人总是会十分高兴地给予帮助，而且镇长还会时不时地让女儿为洛克菲勒送去一些妻子做的可口点心。

在小镇上住了一段时间仍然感到一无所获的洛克菲勒决定过几天就离开这个小镇了，在离开小镇之前他要特别感谢镇长给予他的关照。就在他准备向镇长告别的前几天，小镇迎来了连续几天的阴雨天气，洛克菲勒不得不继续留在这里，同时他也在心里咒骂着这该死的鬼天气。

小雨时断时续，每当雨滴停止的时候，洛克菲勒就会走出旅馆大门——实际上洛克菲勒就住在杰克逊家的斜对面，看看镇长家门前那些经雨露滋润而倍加娇艳的花朵。这一天，当他走出旅馆大门的时候，他看到镇上来来往往的人们已经把镇长家门前的花圃践踏得不成样子了。洛克菲勒为此感到气愤不已，他真为镇长和这些花朵感到惋惜，于是他站在那里指责那些路人的行为。可是第二天，路人依旧踩踏镇长家门前的那片可怜的花圃。

第三天，镇长拿着一袋煤渣和一把铁锹来到了泥泞的道路上，他用铁锹把袋子里的煤渣一点一点地铺到了路上。一开始洛克菲勒对镇长的行为感到不解，他不知道镇长为什么要替这些践踏自己家花圃的路人铺平道路。可是很快他就明白了镇长的苦心，原来有了铺好煤渣的道路，那些路人便再也不用踩着花圃走过泥泞的道路了。

洛克菲勒最后还是离开了这个小镇，不过他知道，自己再也不是一无所获的离开了，他带着镇长杰克逊告诉自己的一句话从从容容地踏上了追求梦想的道路，那句话就是"善待别人就是善待自己"。直到成为闻名于全美的石油大王，洛克菲勒依然牢牢地将这句话铭记在心中。

（佚名）

谢谢你纠正我

　　我们在和周围人相处的过程中，就要养成恰当赞美别人的习惯，毫不吝啬地赞美别人。

　　我在明尼苏达圣玛丽学校教三年级。在我眼里，全班 34 个学生无一不可爱，但马克·艾克路得却是个异数。他干净整洁的外表和那与生俱来的乐天本质，使得他那经常性地捣蛋也变得可爱起来。

　　马克常喋喋不休地讲个不停。我一再地提醒他：未经许可的交谈是不允许的。而让我印象深刻的是每次我纠正他时那诚恳地回答："老师，谢谢你纠正我。"刚开始我还真不知该如何反应，但后来我逐渐习惯一天要听好几次。

　　有天早上，马克又故态复萌，我已渐失耐心。我犯了个新手常犯的错误。我注视着马克说道："如果你再说一个字，我就把你的嘴巴封起来。"

　　不到 10 秒钟，查克突然说："马克又在说话了！"其实我并未交代任何一个学生帮我盯着马克，但既然我已事先在全班同学面前宣布这项惩罚，那么我就必须执行。

　　我清楚记得那一幕，仿佛今晨才刚发生。我走向桌子，非常慎重地打开抽屉，取出一卷胶带。不发一言，我走向马克的座位，撕下两片胶带，在他嘴上粘了一个大"×"，然后走回讲桌。

　　我忍不住偷看马克的反应，他竟然向我眨眼睛！我不禁笑了出来！当我走回马克的座位撕去胶带，无奈地耸耸肩时，全班欢声雷动。被撕去胶带后，他的第一句话竟是"老师，谢谢你纠正我。"

　　那个学年结束后，学校要我教中学数学。时光飞逝，马克又出现在我的班上。他比以前更英俊，而且像以往一样彬彬有礼。由于九年级的"新数学"并不容易，他必须专心听讲，所以不像从前那么多话了。

礼拜五好像什么事都不太对劲。事实上，我们整个星期以来一直在为一个新的数学概念"奋战"，而且我察觉到学生自身的挫折感愈来愈深，彼此间显得有些对立。我必须在争执加深前加以阻止。所以我要他们在两张纸上列出班上其他同学的名字，每个名字间留点空隙。然后我要他们把每位同学最好的地方写下来。

这项作业用掉了剩余的课堂时间，每个学生离开教室时必须把作业交给我。查克微笑着走出教室。马克说："老师，谢谢你的教导，周末愉快!"

那个星期六，我把每位学生的名字分别写在一张张纸上，而且我把其他人对每个人的评语写上。礼拜一，我把每位学生的优点表发给他们。有些人足足用掉了两张纸。不久，每个人的脸上都露出微笑。我听见有人小声说："真的吗?""我从来都不知道别人会这样觉得耶!""我没想到别人竟然会这么喜欢我!"

此后，没有人在课堂上提到那些字条。我从来都没想过，学生会不会在课后或和他们的父母讨论那些字条，但事实上这已不重要。这个活动已达到预期的效果，学生又恢复了往日的欢笑。

学生渐渐成长，各奔前程。数年后，有次在我结束假期返家时，父母到机场来接我。开车回家途中，母亲一如往常问我些旅途种种，像天气如何啦、有何新鲜事……但语气间似乎还透露着些安抚的味道。母亲向父亲使了个眼色，父亲清清喉咙说："艾克路得家昨晚打电话来。""真的? 我好几年没有他们的消息了! 马克不晓得好不好?"父亲沉着地回答道："马克在越南战死了! 丧礼就在明天。他的父母希望你能参加。"直到今天，我还清清楚楚地记得听到这噩耗时的震惊。

在这之前，我从来没看过死于战场的军人。躺在棺木里的马克看起来如此英俊、如此成熟。那一刻我所能想到的是：马克，我愿做任何事，只要你能和我说话。

教堂挤满了马克的朋友，查克的妹妹唱了一首《为国之战赞美诗》。为何丧礼当天非下雨不可呢? 这使得在墓园旁行走更加困难。神父吟着祈祷文，喇叭手轻轻吹着。深爱着马克的人依序在马克的棺木旁绕一周，洒下圣水。

　　我是最后一个对棺木画十字的人。我静伫在那里，其中一个士兵——护棺者之一——向我走来，问道："你是马克的数学老师吗？"我点点头，继续凝视着棺木。他说："马克经常向我谈起你。"

　　丧礼之后，马克的老同学大部分都前往查克的农舍用午餐。马克的父母也在那儿，显然是在等我。他的父亲说："我们想给你看样东西。"接着他从口袋里拿出一个皮夹。"他们在马克过世时从他身上找到的，我们想你可能会认得。"

　　打开皮夹后，他小心翼翼地取出两张破旧的笔记纸，显然这两张纸已被粘补、折了又折无数次。我看都不用看就知道，这是我把马克同学们说他的好话列上的那两张纸。

　　"非常谢谢你为他做的事。"马克的母亲说，"而且，如你所见，马克十分珍惜。"

　　马克的同学们开始聚集在我们周围，查克羞怯地微笑说道："我也保留了那张表，就在我书桌最上面的抽屉里。"约翰的妻子说："约翰要我把那张表放在结婚相簿里。"

　　"我也有！"玛丽莲说，"夹在我的日记簿里。"然后另一个学生维琪，从她的袖珍书里取出皮夹，把她那破烂不堪的纸拿给大家看。

　　"我随身带着。"维琪神色自若地说。"我想我们都保留着我们的表。"

　　我忍不住坐下来开始哭泣，我为马克及那些再也见不到他的朋友们而哭泣。

（佚名）

教练的秘密

在生活中，人人都有值得称道的地方，我们只需及时、得体地把它说出来就是了。

吃晚饭时，我一直在考虑怎样启齿告诉约西他不可能被游泳队录取的事。这时，电话铃响了。我几乎无法听懂对方说的是什么。

"塞瑟，对不起，"我说，"您能再重复一下吗？"

太太瞥了我一眼。

"您的意思是说约西已经被录取了？谢谢，教练。"

"他被录取了？"太太问。

"塞瑟说，他在约西身上看到了一些特殊的东西。"我说，不知道这"特殊的东西"是什么。

"看看，你过虑了吧？"太太说。

突然，我感到比任何时候都更加担忧了。我觉得塞瑟根本不清楚儿子的问题有多大。在游泳队，约西将怎么继续训练下去呢？我不知道。塞瑟是不是可怜约西才这么做的？我对他们的第一次正式训练忧心忡忡。

不出我所料，其他孩子都比约西有经验，而且进步很快。约西却需要额外的辅导，比其他孩子多得多的额外辅导。塞瑟总是及时赶到，向他指点迷津，我也随时在旁边提醒塞瑟的要求。我从约西专注的眼神里看到，他对塞瑟充满崇拜。

我听见塞瑟对约西说了几句什么，并且伴随着动作。忽然，约西点了点头，沿着水道游了开去，他游的是蛙泳！

训练持续了两个小时，孩子们全都累坏了，约西除外，他是最后一个从池里上来的人。约西的进步显而易见。但是，训练归训练。第一次比赛来到了。我和伊琳紧张地坐在看台上。"开始！"的信号一发出，孩子们就向池子里跳了下去，可是约西却用眼角瞟着左右。原来他不知道什么时候该起跳！他看见别人跳了，自己才开始，迟了至少一秒钟。

回家后，我对伊琳说："你注意到了吗？约西落在别人后面，是因为他不懂得什么时候起跳下水？"

"尽管如此，他还是夺得了第三名。"伊琳说，"还不错吧。"

"是呀，但是他能做得更好。他需要额外地关注，他和别人不同。"

"他像你小时候。"伊琳说，"那时谁关注过你？放宽心一点。有时你的忧虑太多了，布鲁斯。"伊琳说得一针见血。但是，下次训练时，我还是找到塞瑟。"塞瑟，"我紧张地开了头，"不知您注意到没有，约西总是先看别人跳了自己才开始跳下水，我们能不能把用于聋人运动员的信号装置用于他？那样可能会好一些。"

"罗斯曼西先生，"塞瑟说，"约西不是小孩子，他会从错误中学习。我来教他起跳，他能学会的。"

"塞瑟，您不知道，约西他患有学习障碍症。别的孩子一学就会的事，他都感到困难的。"

"我来接他，他听我的话。"塞瑟说，"您对孩子不会做的事担忧太多。"

约西的下一次比赛在两周以后。我看着他在起点站好，信号一发出，约西就一跃身跳下水去。他跳得准确、及时。比赛进行得很激烈，塞瑟站在终点等着孩子们，约西距第一名只有一秒之差。我终于认识到了塞瑟教练的秘密：他对我的儿子充满信心。他相信约西能学会，而且能从错误中总结经验，学会尚不知道的事。我呢？

塞瑟的话回响在我的脑海您对孩子不会做的事担忧太多。我对儿子缺乏信心，我只相信孩子不会做的事，而不相信他能学会做。

（佚名）

避 雨

　　生活中播撒关爱，只需要有限的付出，却能够温暖人心，使爱在人间传播。

　　那天下午雨下得很大，行人纷纷逃进就近的店铺避雨。

　　这时，一位浑身湿淋淋的老人，步履蹒跚地走进费城百货商店。看着她狼狈的样子和简朴的衣着，所有的售货员都对她爱搭不理。

　　这时，走过来一个年轻人，诚恳地对这位狼狈的老人说："夫人，我能为您做点什么吗？"

　　老妇莞尔一笑："不用了，我在这儿躲会儿雨，马上就走。"随即老妇又心神不定了。不买人家的东西，却借用人家的屋檐避雨，太不近情理了。于是，她开始在百货店里转起来，哪怕买个头发上的小饰物呢，也给自己避雨找个光明正大的理由。

　　正当她眼露茫然时，那个小伙子又走过来说："夫人，您不必为难，我给您搬了一把椅子，放在门口，您坐着休息就是了。"

　　两个小时后，雨过天晴，老妇人向那个年轻人道了谢，并随意地向他要了张名片，就颤巍巍地走了出去。

　　几个月后，费城百货公司的总经理詹姆斯收到一封信，写信人要求将这位年轻人派往苏格兰收取装潢一整座城堡的订单，并让他负责自己家族所属的几个大公司下一季度办公用品的采购任务。詹姆斯震惊不已，匆匆一算，只这一封信带来的利益，就相当于他们公司两年的利润总和。

　　当他以最快的速度与写信人取得联系后，才知道这封信是一位老妇人写的，而她正是美国亿万富翁"钢铁大王"卡耐基的母亲。

　　詹姆斯马上把这位叫菲利的年轻人推荐到公司董事会。毫无疑问，当菲

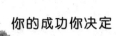
利收拾好行李准备去苏格兰时，他已升格为这家百货公司的合伙人了。

那年，菲利 22 岁。

随后的几年中，菲利以他一贯的踏实和诚恳，成为"钢铁大王"卡耐基的左膀右臂，在事业上扶摇直上、飞黄腾达，成为美国钢铁行业仅次于卡内基的富可敌国的灵魂人物。菲利 29 岁时，已经为全美国的近百家图书馆捐赠了 800 万美元的图书，他希望用知识和爱心帮助更多的年轻人走向成功。

（佚名）

把星星找出来

从此她改变了生活的态度，积极主动地走进印第安人的生活里，学习他们的编织和烧陶，并迷上了印第安文化。

有一个美国年轻军官接到上级的调动命令，将他调派到一处接近沙漠边缘的基地。他不想让新婚的妻子跟着他离开大都会而去受苦，但妻子为了证明夫妻同甘共苦的深情执意陪同前去。年轻军官只好带着她前往，并在驻地附近的印第安部落中帮妻子找了个木屋安顿。

该地夏天酷热难耐，风沙多且早晚温差变化大，更糟的是部落中的印第安人都不懂英语，连日常的沟通交流都有问题。过了几个月，妻子实在是无法忍受这样的生活了。于是写了封信给她的母亲，除了诉说生活的艰苦难熬外，末尾还说她准备回到繁华的都市生活。

她的母亲回了封信给她，说："有两个囚犯，他们住同一间牢房，往同一个窗外看，一个看到的是地上的泥巴，一个看到的是天上的星辰。"

妻子倒不是真的想离开丈夫回到都市，原也只是发发牢骚罢了！接到母亲的信件后，便对自己说："好吧，我去把那星星找出来。"

从此她改变了生活的态度，积极主动地走进印第安人的生活里，学习他们的编织和烧陶，并迷上了印第安文化。她还认真地研读许多关于星象天文的书籍，并运用沙漠地带的天然优势观察星象。

几年后，她出版了几本关于星星研究方面的书籍，成了星象天文方面的专家。

（佚名）

施与的意义

我是说，你的心，令人感到温暖。"

"今天，我一定要断然拒绝他们的要求。"出门之前，老妇人这么想。

这一天，下着很大的雨，她在这样的天气却不顾一切地跑出来，目的是想赶快为眼下这件事画个休止符。

老妇人平时以慈善家闻名。到目前为止，她不时捐东西给遭到天灾人祸的人，或买很多衣料，送给本市的贫民。

可是，这一次的事，性质大不相同，使她无法像平时那样，爽快地答应。虽然目的是为了贫苦无依的孤儿们着想，但要她捐出祖传的土地来建造孤儿院，她着实无法同意。她对世世代代传下来的那一片土地，有无限的感情。何况，她年纪已老，此后的生活，主要的收入来源，就靠那块土地。

这是跟她此后的生活紧密相关的事。说得严重一点儿，她若失去这一块土地，她的生活马上就要受到影响。

"不管对方如何恳求，也不能起一丁点儿同情心，否则……"想着，想着，老妇人的脚步就越来越快了。

雨越来越大，风也吹得更起劲了。

不多久，她到了目的地——一家慈善机构的古色苍然的房子。

她推开大门，走进去。由于是个大雨天，走廊上到处湿湿的。她在门口寻找拖鞋来穿。

"请进！"这时候，随着明朗的声音，一位女办事员出现在她眼前。

那位女办事员看到没有拖鞋了，立刻毫不考虑地脱下她自己的拖鞋给老妇人穿。"真抱歉，所有的拖鞋都给别人穿了。"那位女办事员恳切地向她赔着不是。

老妇人看到那位女办事员的袜子，踏在地板上，一刹那之间就给濡湿了。

老妇人为她这个行为感动莫名。就在那一瞬间，她才感悟了"施与"的真正意义。她想："平时，我被大家称为慈善家，可是，我做的慈善行为，到底是些什么？我捐出来的，全是自己不再使用的旧东西，再不就是挪用多余的零用钱罢了。那与其说是'施与'，不如说是'施惠'更妥当。所谓的'施与'，应该是拿出对自己来说是最重要的东西，那才有莫大的价值呀！"

老妇人的内心突然起了180度的大改变——她决心捐出那块祖传的土地给这个慈善机构，为可怜的孩子们建立设备完善的孤儿院。

老妇人对那位女办事员说："好温暖的拖鞋。"

女办事员红了脸，不好意思地说："对不起，我一直穿着，所以……"

老妇人连忙打断她的话："不，不，我没有怪你的意思。老妇人向她投以亲切的微笑，然后，朝着干部办公室疾步走去……

（佚名）

终于赢了上帝

但我相信，上帝只掌握了我的一半，我越努力，我手中掌握的一半就越庞大，有一天，我终于赢了上帝。"

莎莉·拉斐尔是美国一位家喻户晓的电台主持人，她曾两次获得全美主持大奖，她以自然平和的风格得到了大约 800~1000 万观众的喜爱。而在此之前，她的主持生涯走得异常艰辛。

她在自己的职场生涯中遭遇了 18 次辞退，她的主持风格曾经被人贬得一文不值，简直就是垃圾。

最早的时候，她想到美国大陆无线电台工作。但是因为是女性被拒绝。后来，她来到了波多黎各，但是因为她不熟悉西班牙语，为此她花了 3 年的时间学习西班牙语。而在波多黎各的日子，她只有一次采访活动：只是有一家通讯社委托她到多米尼加共和国去采访暴乱，这次采访单位毫不重视，甚至连差旅费也是自己出的。

在以后的几年里，她的工作依旧不顺利，她不停地换工作，不停地被人辞退，有些电台指责她根本不懂什么叫主持。1981 年，她来到纽约一家电台，但是很快被辞退，失业了一年多。

终于有了转机。这一次，她向两位国家广播公司的职员推销她的倾谈节目策划，都没有得到认可。于是她找到第三位职员，他雇佣了她，但是要求她改做政治主题节目。她对政治一窍不通，但是她太想得到这份工作了，于是开始"恶补"政治知识。1982 年夏天，她主持的以政治为内容的节目开播了，凭着她娴熟的主持技巧和平易近人的风格，让听众打进电话讨论国家的政治活动，包括总统大选，她几乎一夜成名，她的节目成为全美最受欢迎的政治节目。

在现在美国的传媒界，她就是一个金字招牌，是一座金矿，她无论到哪家电视台、电台，都会带来巨额的回报。

莎利·拉斐尔后来回忆说："我平均 1.5 年被辞退一次，那段时光对我来说，简直是惨不忍睹。我甚至一度认为这辈子完了。但我相信，上帝只掌握了我的一半，我越努力，我手中掌握的一半就越庞大，有一天，我终于赢了上帝。"

（佚名）

前世姻缘

　　拥有时，可以真诚相拥，而无法拥有时，即使是求，也求不来一份聚首的缘。

很久以前有个痴情的公子，和自己的心上人约好在某年某月某日结为连理。

公子好不容易等到了那一天，可是心上人却嫁给了别人。公子痛不欲生，接受不了这个现实，一病不起。

家里人用尽各种办法都无能为力，急得像热锅上的蚂蚁一样团团转，眼看公子就要奄奄一息了。这时候，突然听到敲门声，公子的母亲赶紧跑过去打开门，一看，是一个云游高僧。

云游高僧说："我可以治好你家公子的病。"

公子的母亲忙不迭地把高僧请了进来。高僧走到公子的床前，从怀里摸出一面镜子叫公子看。公子看到茫茫大海，一名遇害的女子一丝不挂地躺在海滩上。路过一个人，看了一眼，摇摇头，就走了。不多久，又路过一人，此人将衣服脱下，给女尸盖上，走了。接着，又路过一人，挖了一个坑，小心翼翼把尸体掩埋了。

公子百思不得其解，这时候，镜子里的画面切换了。公子看到了自己的心上人洞房花烛，被她丈夫掀起盖头的瞬间。

高僧最后说道："你看到了那具海滩上的女尸了吗？她就是你的心上人的前世，你是第二个路过的人，你曾给过她一件衣服。她今生和你相爱，只为还你一个情。但是她最终要报答与她一生一世相守的人，也就是最后那个把她掩埋的人。世间的一切姻缘前世就已经注定，你已经得到你该得到的了。"

公子听了云游高僧的一番开导，大悟，从床上坐起，病一下子就好了。

不要什么天荒地老，不要什么山盟海誓，你选择了我，我选择了你，这是我们的共同选择。拥有时，可以真诚相拥，而无法拥有时，即使是求，也求不来一份聚首的缘。

（佚名）

最好的感谢

　　他告诉我要尽力帮助每一位需要帮助的陌生人，我今天做到了。"

十几岁的亚斯有早起晨练的习惯。他有心脏病，医生不让他做高强度和剧烈的运动，但是亚斯还是愿意早起看看清晨，看看太阳，看看一天的开始是如何的美丽。

那是一个薄雾和轻烟笼罩的早晨，亚斯走到城市中央广场的时候，发现一个人倒在地上，身上浸满了露水，脸色发紫呼吸微弱，显然他正处在危险之中。亚斯早已知道心脏病发作时的痛楚，他对这个陌生人的痛苦感同身受。

四周很静，真正晨练的人一般不会来这里。亚斯知道自己一个人无论如何也扶不起地上这个身材高大的人，怎么办？时间来不及了，亚斯顾不上医生的警告俯身拉起他的衣服。就这样，十二岁的亚斯用尽全身力气一点点地把这个人在地上拖行了二百米。终于有人发现了他们，亚斯只说了一句"快送他去医院"便昏倒在地。亚斯醒来后看到的是陌生人一脸的关切和自责，他说自己因贪杯醉倒在街头，如果不是亚斯救了他，医生说他会冻死在那里。

　　陌生人愧疚地说："对不起，医生告诉我说你的心脏病差一点就要了你的命，你是在拿你的命救我。真不知道该如何感谢你！"

　　亚斯笑了："我现在没事了，你也没事了。这就是最好的感谢！"

　　陌生人一定要报答亚斯。亚斯想了想说："我真的不需要你对我有什么报答，只是希望你能像我救你一样，尽自己所能，去救助比自己的处境还要差上许多的陌生人，我想这就足够了。"

　　许多年过去了，亚斯活过了比医生的预言长数倍的时间。他还是和以前一样乐观，并且真诚地对待每一个人，在需要的时候尽自己所能帮助别人。但是亚斯的病终于在一个冬天的早晨击倒了他。当时亚斯正在一个很偏僻的地方散步，忽然感到心口一阵剧烈的疼痛，亚斯挣扎了几下终于支持不住倒在了地上。

　　亚斯醒来时发现自己躺在医院里，身边站着一个十几岁的男孩，正瞪着一双大眼睛关切地看着他。亚斯很感激地握住男孩的手说："谢谢你，孩子，你救了我。你是怎么发现我的？"

　　男孩很开心的样子："我早上要去爷爷家陪他，正好路过那个地方，看到你躺在地上，我就想起了爷爷说他年轻的时候被一个和我一样大的男孩救起来的事。我想我也一定能够做到，于是我就使出全身的力气拉你。幸好你还不算重，我成功了，回去后一定告诉爷爷。他告诉我要尽力帮助每一位需要帮助的陌生人，我今天做到了。"

　　亚斯不知道该如何形容自己的心情，一次对人施以援手竟会带来一生受用不尽的恩惠。

（佚名）

放 手

平淡琐碎的生活或许会把爱深埋在心底，很容易被粗心的我们忽略甚至曲解。可是，在那生死存亡的关键时刻，挺身救起你的，就是被你忽略掉的爱。

她是山区里一个普普通通的 7 岁小女孩，家境贫寒。父亲常年在省城打工，家里只有她和母亲相依为命。

本来日子很平淡，可是母亲却再次怀孕了。她怀疑母亲不喜欢她，不然为什么还要生一个小弟弟。

母亲的肚子一天天大起来，她心底的怨恨也渐渐增多了。所以，母亲每次喊她帮忙做事时，她总是假装听不到，溜到门外的小树边玩。

那是一棵在她出生时种下的和她同龄的小树。树长得很小，只有杯口粗细，树叶也是稀稀落落。

她一天比一天沉默，常常在小树下想着弟弟出生后自己将要遭受的冷落，默默流下泪来。

一天晚上，她正在院子里收衣服。偶然抬头，她看到远处一条黑线迅速地向前推进着。她转身喊母亲："你看那是什么？"顷刻间，洪水席卷而至。

"嘭"的一声，洪水冲破了门窗，她被这样的景象惊得大哭。母亲一把抱起她，奋力举起她的身体。水流很急，求生的本能让她随手抓住了小树，母亲笨拙地拖着 5 个月身孕的身体也艰难地抓住了小树。

洪水还在疯涨着，水已经淹过了她的脚，母亲使劲儿地腾出一只手托起她，一直托过自己的头顶。

大水里，她们看不清周围的情况，小树成为她们唯一的凭借。可是，那样一棵纤细的小树根本不足以支撑她们两个人的重量。在急流里，小树摇晃着。

母亲深深地看了她一眼，突然放开了手。

在湍急的洪水中，母亲的身影很快成了一个小黑点，但还是挣扎着回头喊："抱紧啊，千万不能松手。"

还没等她弄明白发生了什么事，世界已经全部改变了。她徒劳地喊着自己的母亲，可是，没有回答。

水势继续上涨着，她的腰被淹没在水里。

她尖叫起来，又冷又饿又怕，嗓子哭哑了，也没有人能够听到。但是，她牢记着母亲的嘱托，紧紧地抱着小树，一刻也没有松开。

10个小时之后，搜救的小船发现了她，她成为这次洪灾中第一个被救的人。当她被救上小船时，已经衣衫尽破，手指僵硬，伸也伸不开了。她的母亲永远地沉没在了失踪人员的名单里，还有那个没有出生的弟弟……

（佚名）

爱心传递

她侧过身去给他轻轻的一吻，温柔地说："一切都会好的，拜伦，我爱你。"

在美国，有一个叫拜伦的年轻人，一天傍晚，他在单行道的乡村公路上孤独地驾着车回家。在这美国中西部小镇上谋生，他的生活节奏就像他开的老爷车一样迟缓。自从所在的工厂倒闭后，他就没有找到过什么固定工作，但他还是没有放弃希望。

外面天气寒冷，暮色开始笼罩四野，在这种地方，除了外迁的人们，谁会在路上驾驶？他的老爷车的车灯坏了，但是他不用担心，他能认路。

天开始变黑，雪花越落越厚。他告诉自己得加快回家的脚步了。

他差一点儿没有注意到那位被困在路边的老太太。外面已经很黑了，这么偏远的地方，老太太要求援是很难的。我来帮她吧，他一边想着，一边把老爷车开到老太太的奔驰轿车前停了下来。

尽管他朝老太太报以微笑，可是他看得出老太太非常紧张。她可能在想：会不会遇上强盗了？这人看上去穷困潦倒，像饿狼一样。

他能读懂这位站在寒风中瑟瑟发抖的老太太的心思。他说："我是来帮你的，老妈妈。你先坐到车子里去，里面暖和一点儿。别担心，我叫拜伦。"

老太太的轮胎爆了，换上备用胎就可以。但这对老太太来说，并不是件容易的事情。拜伦钻到车底下，查看底盘哪个部位可以撑千斤顶把车顶起来，他爬进爬出的时候，不小心将自己的膝盖擦破了。

等将轮胎换好，他的衣服脏了，手也酸了。就在他将最后几颗螺丝上好的时候，老太太将车窗摇下，开始和他讲话。

她告诉他，她是从大城市来的，从这里经过，非常感谢他能停下来帮她的忙。拜伦一边听着，一边将坏轮胎以及修车工具放回老太太的后车厢，然后关上，脸上挂着微笑。

老太太问该付他多少钱，还说他要多少钱都不在乎。因为她能想象得出如果拜伦没有停下来帮她的话，在这种地方和这个时候，什么事情都可能发生。

帮这老太太忙是要向她要钱？拜伦没有想过。他从来没有把帮助人当做一份工作来做。别人有难应该去帮忙，过去他是这样做的，现在他也不想改变这种做人的准则。

他告诉老太太，如果她真的想报答他的话，那么下次她看见别人需要帮助的时候就去帮助别人。他补充说："那时候你要记得我。"

他看着她的车子走远。他的这一天其实并不如意，但是现在他帮助了一个需要帮助的人，他一路开车回家的心情却变得很好。

再说那老太太。她在车子开出了将近一英里的地方，看到路边有一家小咖啡馆，就停车进去了。她想，还得开一段路才能到家，不如先吃一点儿东西，暖暖身子。

这是一家很旧的咖啡馆，门外有两台加油机；室内很暗，收银机就像老掉牙的电话机一样没有什么用场。

女招待走过来给她送来了菜单，老太太觉得这位女招待的笑容让她感到很舒服。她挺着大肚子，看起来最起码有8个月的身孕了，可是一天的劳累并没有让她失去待客的热情。

老太太心想，是什么让这位怀孕的女人必须工作，而又是什么让她仍如此热情地招待客人呢？她想起了拜伦。

女招待将老太太的100元现钞拿去结账，老太太却悄悄地离开了咖啡馆。

当女招待将零钱送还给老太太时，发现位置已经空了，正想着老太太跑到哪里去的时候，她注意到老太太的餐巾纸上写着字，在餐巾纸下，她发现另外还压着300元钱。餐巾纸上是这样写着的："这钱是我的礼物。你不欠我什么。我经历过你现在的处境。有人曾经像现在我帮助你一样帮助过我。如果你想报答我，就不要让你的爱心失去。"

女招待读着餐巾纸上的话，眼泪夺眶而出。

那天晚上，她回到家里，躺在床上翻来覆去地睡不着，她想着那老太太留下的纸条和钱。那老太太怎么知道她和她丈夫正在为钱犯愁呢？下个月孩子就要出生了，费用却还完全没有着落，她和丈夫一直都在为此担心。这下可好了，老太太真是雪中送炭。

看着身边熟睡的丈夫，她知道白天他也在为赚钱犯愁。她侧过身去给他轻轻的一吻，温柔地说："一切都会好的，拜伦，我爱你。"

（佚名）

转 变

因为你使我认识了自己，我站在那面镜子前，真正地认识了自己，发现自己也不是一无是处，在你那里，我重新找回了自信。"

有一个倒霉的人，他已把多年以来的所有积蓄全部投资在一项小型制造业，可是由于世界大战的影响，他无法取得他的工厂所需要的原料，只好宣告破产。他变成了一个一无所有的人。

他很沮丧，觉得对不起家人，认为是他把家人害得没有了这一切，于是他离开妻子儿女，成为一名流浪汉。过去的一幕一幕时常在他的脑海里上演，他对于这些损失无法忘怀，老是徘徊在过去，不肯为今后的日子打算，过得越来越落魄，他觉得自己生不如死，几度想一死了之。

一个偶然的机会，他看到了一本名为《自信心》的书。这本书的内容说的全是有关于怎么样能够把人的信心建立起来，在你的生活、工作上崩溃了以后，如何重新恢复信心。

当他看完之后，他充满了勇气和希望，他决定找到这本书的作者，请作者帮助他再度站起来

他四处打听，终于找到了这本书的作者。

作者耐心地听完他的故事后，意味深长地说："我以很大的兴趣听完了你的故事，的确很值得同情，我很想帮助你，但事实上，对你的情况，我无能为力。"流浪汉的脸立刻变得苍白，默默地待了几分钟，然后低下头，喃喃地说道："这下完蛋了。我活着有什么意义呢？"作者看着他，然后慢慢地说道："虽然我帮不了你，但我可以介绍你去见一个人，他可以协助你东山再起。"

听到这句话，流浪汉立刻跳了起来，抓住作者的手，说道："太感谢你

了，请带我去见这个人。"

作者带着他走到里面的卧室，走到一面高大的镜子面前，用手指着说："我要介绍给你的就是这个人。在这世界上，没有人可以帮你，你只有靠镜子里面的这个人的帮助才能够东山再起。但是你必须安静地坐下来，好好地看清楚他，彻底地认识和了解他。因为在你对这个人充分地认识之前，对于你自己或这个世界来说，正如你自己认为的那样，你都将是个没有任何价值的废物。"

流浪汉朝着镜子向前走几步，用手摸摸他长满胡须的脸孔，对着镜子里的人从头到脚打量了几分钟，然后退几步，低下头，开始哭泣起来。过了一会儿，他就走了，也没对作者说什么。

几天后，这个人终于出现在了街上，作者在街上碰见这个人时，几乎认不出来了：他的面貌焕然一新，精神饱满，步伐轻快有力，头抬得高高的，他从头到脚打扮一新，再也看不出以前落魄的样子来了。

作者看到后，对于流浪汉这么短时间发生这么大的转变，感到很惊讶。走过去打了个招呼。流浪汉很兴奋地说道："那一天我离开你的办公室时还只是一个流浪汉。我对着镜子找到了我的自信，凭着自信和我以前的资历，我找到了一份年薪 9000 美元的工作。我的老板先预支一部分钱给我。现在我的家人过得很开心，我觉得我马上就会走上成功之路了。"

顿了顿，接着他又风趣地对作者说，"我正要前去告诉你，将来有一天，我一定还会去拜会你一次。我将送给你一张空白的支票，随便你填上什么数字。因为你使我认识了自己，我站在那面镜子前，真正地认识了自己，发现自己也不是一无是处，在你那里，我重新找回了自信。"

（佚名）

苦难的幸福

生活中的幸福很细微，也很巨大，只有怀着一颗感恩的心，你才能发现它的所在，体味到真正的幸福。

男孩子格林的父母离异了。家庭的变故使他变得郁郁寡欢，不但学习成绩下降，还动不动对同学发脾气。大家都知道他的痛苦，所以也没有同学和他计较。

也许是为了平衡自己内心的混乱，他每天吃完晚饭都一个人在操场上转圈，一圈又一圈。谁都想帮他，可是，就是没有人能够安慰他。

就在这个时候，班里一个并不起眼的同学杰克出现在他的身边。于是，在学校的操场上经常能够看到两个并肩而行的身影。

就这样，又过了一段时间，格林完全从父母离婚的阴影中走了出来，又融入了温暖的大家庭。

大家在多年以后的一次同学聚会上又见到了杰克，当同学们提起那段往事的时候，格林微笑着对大家说："其实没什么神秘的，你们并不知道，我父母在我上中学的时候就离婚了。在那段痛苦的日子里，我发奋学习，结果考上了大学。回首那段生活，我发现自己成熟了、独立了、坚强了。我只不过是把自己的这段经历告诉了他而已。"

这样的答案让大家很吃惊，因为整整四年，全班同学没有一个人知道杰克的身世，而且，他还一直生活得那么快乐、豁达。当大家问他为什么会做到这样时，格林说："我们需要感谢生活嘛！在生活中，很多人会自觉或不自觉地问起这个问题，尤其是当我们面对生活中种种不如意的时候。我想当好运来临的时候，我们都会感恩生活。可是，当生活不尽如人意的时候，我们大多数人会抱怨生活。但是，生活常常不会因

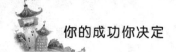

我们的抱怨而变得美好起来，有的时候，还会因为我们的抱怨而变得更加糟糕。经历了不如意，我学会了感恩生活。因为，正是那段家庭的变故，才成就了今天的我。"

（佚名）

海德先生的糖果

宽容对待他人的长处，可以使我们不断进步。只有拥有智慧的人，才会在心中留出一片天地给别人。

从很小时候，比尔就经常跟着妈妈光顾海德先生的糖果店。那是一间摆满许多一分钱就买得到手的糖果的可爱铺子。

每次跟妈妈走进这家糖果店，看着一大堆富有吸引力的美味排列在自己的面前，要从其中选择一种，比尔觉得实在伤脑筋。每一种糖，要先想象它是什么味道，决定要不要买，然后才能考虑第二种。海德先生把挑好的糖装入小白纸袋时，比尔心里总有短短一阵的悔痛。也许另一种糖更好吃吧？或者更耐吃？

"看看有什么好吃的东西可以买。"妈妈几乎每次都这样一面说，一面领着比尔走到那长长的玻璃柜前面，那个老人也同时从帘子遮着的门后面走出来。母亲站着和他谈了几分钟，比尔则对着眼前所陈列的糖果狂喜地凝视。

那时候比尔还不知道钱是什么东西。他只是望着母亲给人一些什么，那人就给她一个纸包或一个纸袋。慢慢地，比尔的心里也有了交易的观念。

这一天，六岁的小比尔想起一个主意。他背着妈妈独自走进小店，走向陈列糖果的玻璃柜。这一边是发出新鲜薄荷芬芳的薄荷糖。那一边是软胶糖，颗颗大而松软，嚼起来容易，外面撒着亮晶晶的砂糖。另一个盘子里装的是做成小人形的软巧克力糖。后面的盒子里装的是大块的硬糖……

　　比尔选了很多种想起来一定很好吃的糖。海德先生俯过身来问他："你有钱买这么多吗？""哦，有的，"比尔答道，"我有很多钱。"他把拳头伸出去，把五六只用发亮的锡箔包得很好的樱桃核放在海德先生的手里。

　　海德先生站着向他的手心凝视了一会，然后又把比尔打量了很久。

　　"还不够吗？"比尔担心地问。

　　"我想你给我给得太多了。"海德先生回答说，"还有钱找给你呢。"

　　他走近那老式的收款计数机，把抽屉拉开，然后回到柜台边俯过身来，放了两分钱在比尔伸出的手掌上。

　　20 年之后的今天，比尔还会想起那些诱人的糖果，想起当时海德先生的言行。现在，海德先生已经是拥有 8 家连锁店的大老板了，因为他童叟无欺，想人之所想，因此，生意越做越好。

（佚名）

爱的极致

> 因为她已经明白，她拥有的这份爱，就是世上最好的那份。

　　女人有了外遇，非要和丈夫离婚。丈夫不同意，女人便整天吵闹不止。无奈之下，丈夫只好答应妻子的要求。不过，离婚前，他想见见妻子的男朋友，妻子满口应承。

　　第二天一大清早，一个高大英俊的中年男人跟她来到了家里。女人本以为丈夫一见到自己的男朋友必定凶巴巴地怒目以对，可丈夫没有，他很有风度地和男人握了握手。之后，他说他很想和她男朋友交谈一下，希望妻子回避一会儿。女人遵从了丈夫的建议。

　　站在门外，女人心里七上八下，生怕两个男人在屋内打起来。事实证明，她的担心完全是多余的。几分钟后，两个男人相安无事地走了出来。

　　送男友回家的路上，女人禁不住询问："我丈夫和你谈了些什么？是不是说我的坏话？"男友一听，止住了脚步，他惋惜地摇摇头说："你太不了解你丈夫了，就像我不了解你一样。"女人听完，连忙辩解道："我怎么不了解他，他木讷，缺乏情趣，像个家庭保姆，简直不是个男人。"

　　"你既然这么了解他，就应该知道他跟我说了些什么。"

　　"说了些什么？"女人更想知道丈夫说的话了。

　　"他说你心脏不好，时常发怒，叫我结婚后凡事依着你；他说你胃不好，但又喜欢吃辣椒，叮嘱我今后劝你少吃一点辣椒。"

　　"就这些？"女人有点惊讶。

　　"就这些，没别的。"

　　听完，女人慢慢低下了头，男友走上前，抚摸着女人的头发，语重心长

地说："你丈夫是个好男人，他比我心胸宽阔。回去吧，他才是值得你真正依恋的男人，他比我和其他男人更懂得怎样爱你。"

说完，男友转过身，毅然离去。

这次风波过后，女人再也没提过离婚二字，因为她已经明白，她拥有的这份爱，就是世上最好的那份。

（佚名）

士兵的宽容

宽容就是在别人和自己意见不一致时，不要固执己见。

二战期间，一支部队在森林中与敌军相遇，激战后两名士兵与部队失去了联系。这两名士兵来自同一个小镇。

两人在森林中艰难跋涉，他们互相鼓励、互相安慰。十多天过去了，仍未与部队联系上。这一天，他们打死了一只鹿，依靠鹿肉又艰难度过了几天。也许是战争使动物四散奔逃或被杀光，这以后他们再也没看到过任何动物。他们仅剩下的一点鹿肉，背在年轻士兵的身上。

这一天，他们在森林中又一次与敌人相遇，经过再一次激战，他们巧妙地避开了敌人。就在他们自以为已经安全时，只听一声枪响，走在前面的年轻士兵中了一枪——幸亏伤在肩膀上！后面的士兵惶恐地跑了过来，他害怕得语无伦次，抱着战友的身体泪流不止，并赶快把自己的衬衣撕下来包扎战友的伤口。

晚上，未受伤的士兵一直念叨着母亲的名字，两眼直勾勾的。他们都以为自己熬不过这一关了，尽管饥饿难忍，可他们谁也没动身边的鹿肉。天知道他们是怎么熬过那一夜的。

第二天，部队救出了他们。

事隔 30 年，那位受伤的士兵安德森说："我知道谁开的那一枪，他就是我的战友。当时在他抱住我时，我碰到他发热的枪管。我怎么也不明白，他为什么对我开枪？但当晚我就宽容了他。我知道他想独吞我背着的鹿肉，我也知道他想为了他的母亲而活下来。

此后 30 年，我假装根本不知道此事，也从不提及。战争太残酷了，他母亲还是没有等到他回来就去世了，我和他一起祭奠了老人家。那一天，他跪下来，请求我原谅他，我没让他说下去。我们又做了几十年的朋友，我宽容了他。"

（佚名）

新想法

想清楚自己的优点，首先必须重视自己的选择。

有个男孩子，从小就是一个讲究平衡发展的学生。他每一科成绩都维持中上；运动也在行，但称不上明星球员；颇有创作天分，但若要做作个真正的艺术家，却又不怎么热衷，在考大学时，语文成绩几乎与数学成绩不相上下。

在他大一时，所选的全是科学课程，还打算主修理论物理（他那望子成龙的父亲是个很实际的人，他说，学物理可以，但是理论两个字要去掉）。一年后，做儿子的却发现，物理学动人之处在于抽象的部分。

父亲的忧虑没维持多久，儿子到了三年级又有了新想法，他虽喜欢物理的井然有序，但受不了那冷冰冰的感觉。于是又决定改攻艺术。（这时，素来支持他的父亲禁不住自问："我到底是哪里错了？"）

好不容易，钱也花了，时间也付出了，这位年轻人终于找到目标，做了建筑师，从此再也未改变过志向，而且做的有声有色。

虽然他的父亲曾一度绝望，认为这个儿子怎么都不成材。但事实上，这个孩子行动大胆而明智，他好不容易发现自己真正的性格与才华，然后选定一个行业，从一而终。物理学使他掌握了物、理结合的原理。数学又给了他度量与秩序感，艺术则造就他独具的慧眼与灵巧的双手。

认识自己不光要认识自己的外表，还要认识自己的心理，自己的能力、个性、兴趣等等。这才是真正能让你自己有所成长的前提。一个人连自己的能力、自己的方向都无法把握，还怎么制定目标、奋发图强呢？

（佚名）

黄丝带

结局是美好的。那株高高的老橡树上，真的挂着黄手帕，不是一条、十条，而是上百条，它们还迎风招展，似乎等着这位回头浪子的归来。

某年，几个男女青年从纽约去佛罗里达州海滨度假。他们搭上一辆长途汽车，一路上兴高采烈，有说有笑，好不快活。

不久，这些青年人的注意力被车上的一位旅客所吸引了。这人衣衫褴褛，边幅不修，乱蓬蓬的头发和刺猬式的胡须遮住了大半个脸孔，简直无法估计他的年龄。他默默地靠在自己的座位上，两只忧伤的眼睛毫无目的地望着窗外，好比一尊僵硬的石像。

青年人有的是猫样的好奇心。他是谁？是干什么的？是个失业者，还是一名流浪汉？

深夜，长途汽车华盛顿郊区，在一家希腊人开设的餐馆门前暂时休息。青年门嘻嘻哈哈下了车。跑进餐厅狼吞虎咽地吃了一个饱，他们回到车上，那尊"石像"仍然一动不动地坐在那里。

"先生，你难道不饿？"一个好心的女孩子忍不住问。递过去身边带着的点心和饮料。

"谢谢！"他总算开口了，伸手接了过去，一下子就吃了个精光，仿佛很久没进过食似的。

长途汽车继续赶路，这个使人疑云重重的怪客把自己关闭在一个人的天地中，一言不发。他一定是有什么心事。第二天早晨，这些青年从睡梦中醒来，发现他还是那个样。长途汽车又靠了站。这回，他们邀请他下车，一起进餐。他迟疑着同意了。但他只点了一杯清咖啡和一块煎饼。这些青年人的无忧无虑多少感染了他，终于露出了一丝笑容，悲哀的笑容。

"你去佛罗里达？先生？"一个青年问。

他点点头。

"回家去？"

"不知道。"

"你有家吗，先生？"

"不知道。"

青年人大惑不解了。

他转过脸来，神情是那么忧郁："我是一个囚犯，刚刚蹲满4年牢。"

于是，他慢慢说出了自己辛酸的经历。他曾经有一个美好的家。一件误伤罪使他锒铛入狱。当他情绪安稳下来时，在牢房里写信给心爱的妻子，通知她，他已是一个罪犯，他不能让妻子和儿女为了他而丢脸，而受苦。他在信上说，"你可以忘掉我，另外找一个男人。"

"她怎么说，先生？"

"她没有回信，一直没有回信，整整 3 年多了。"

"你就失望了，先生？"

"不。我心里一直想念着她和孩子。当我得知我将被假释后。我又写信给她。在我们家的镇口上，有棵高大的老橡树。我建议，如果她还是一个人，如果还要我，就在老橡树上挂一块黄手帕，我看到了就回家。要不，我就没有家了。"

一阵子沉默。长途汽车在行进，离那个小镇越来越近，他的脸色也越来越凝重，他的牙齿紧紧咬着嘴唇，几乎咬出了血。这个等待已久的谜底就要揭晓了，命运就要决定了。

结局是美好的。那株高高的老橡树上，真的挂着黄手帕，不是一条、十条，而是上百条，它们还迎风招展，似乎等着这位回头浪子的归来。青年人拥抱他，为他祝福，他却流下了眼泪。